荞麦发酵食品

马挺军◎编著

中国轻工业出版社

图书在版编目（CIP）数据

荞麦发酵食品 / 马挺军编著. — 北京：中国轻工
业出版社，2023.9
ISBN 978-7-5184-4243-0

Ⅰ.①荞… Ⅱ.①马… Ⅲ.①荞麦—食品加工 ②荞
麦—酿酒 Ⅳ.①TS211.2 ②TS261.4

中国国家版本馆CIP数据核字（2023）第019522号

责任编辑：钟　雨　　责任终审：许春英　　整体设计：锋尚设计
策划编辑：钟　雨　　责任校对：朱燕春　　责任监印：张　可

出版发行：中国轻工业出版社（北京东长安街6号，邮编：100740）
印　　刷：北京君升印刷有限公司
经　　销：各地新华书店
版　　次：2023年9月第1版第1次印刷
开　　本：720×1000　1/16　印张：17.25
字　　数：279千字
书　　号：ISBN 978-7-5184-4243-0　定价：78.00元
邮购电话：010-65241695
发行电话：010-85119835　传真：85113293
网　　址：http://www.chlip.com.cn
Email：club@chlip.com.cn
如发现图书残缺请与我社邮购联系调换
201337K1X101ZBW

前言

发酵食品是经过微生物（细菌、酵母和霉菌等）的发酵作用或经过生物酶的作用使加工原料发生重要的生物化学变化及物理变化后制成的食品。

发酵是世界上保存食物最古老、最原始的三种方法之一，发酵食品在我国生产历史悠久，人们常食用的发酵食品主要包括：乳类发酵食品，包括干酪、酸乳等；豆类发酵食品，包括豆瓣酱、豆腐乳、豆豉、酱油等；果蔬发酵食品，包括泡菜、酸菜、食用酵素等；酒类发酵食品，包括啤酒、白酒、黄酒、红酒等；面粉类发酵食品，包括馒头、面包、发糕等；醋类发酵食品等。

本书是一本介绍荞麦发酵食品的专著，荞麦淀粉含量高于其他粮食作物，且支链淀粉含量丰富，是用于发酵酿造的理想原料。荞麦发酵可使荞麦中复杂的成分（淀粉、蛋白质、脂肪）在微生物的作用下分解成简单物质（有机酸类、氨基酸类、醇类、核酸类、生物活性物质等），这样就极大地提高了荞麦营养物质的消化吸收，改善了荞麦食品的适口性，为荞麦食品的工业化提供了更多的途径。全书介绍了荞麦醋、荞麦酱油、荞麦面酱、荞麦白酒、荞麦黄酒、荞麦啤酒、荞麦发酵饮料、荞麦酸乳、荞麦醪糟、荞麦面包、荞麦多肽等荞麦发酵食品。希望本书的出版有助于促进荞麦食品的工业化，增加荞麦食品创新的新途径，使广大消费者吃到适口、营养、健康的荞麦食品。

本书在编写过程中参考和引用了国内外的一些专著和论文中的资料和图表，在此，对这些专著和论文的作者致以衷心的感谢。研究生郑雅莹、潘迪、王亚、魏然、聂子涵参与编写并付出大量心血，在此一并表示感谢。由于编者水平有限，书中难免存在错误与不足，敬请专家、读者批评指正。

感谢贵州省"千人创新创业人才"项目、"国家现代农业产业体系燕麦荞麦体系"（CARS-08-E2）项目对本书的支持！

主编

2023年8月

目录

第一章

荞麦营养及应用现状

第二章

荞麦醋

第六章

荞麦黄酒

第七章

荞麦啤酒

第八章

荞麦发酵饮料

第九章

荞麦酸乳

第十章

荞麦醪糟

第十一章

荞麦面包

第十二章

荞麦多肽

第一章
荞麦营养及应用现状

第一节　荞麦的概述

荞麦（*Fagopyrum*）是蓼科荞麦属双子叶植物，在我国民间又称为乌麦、三角麦、花荞、荞子等，起源于中国和亚洲北部。荞麦的主要栽培种有两个，一个是普通荞麦（common buckwheat），即甜荞，另一个是苦荞（tartary buckwheat）。荞麦为一年生草本植物，生育期短，抗逆性强，极耐冷凉瘠薄，当年可多次播种多次收获。

荞麦籽粒饱满，含有淀粉、糖、氨基酸和多种微量元素等人体所需的营养物质，因此被视为粮食作物。甜荞，是分布最广泛的荞麦栽培种类。我国主产区主要集中在北方的内蒙古、陕西、山西、甘肃和宁夏等地，分为栽培类型和野生类型。野生类型主要分布在中国云南、四川、西藏等地，包含野甜荞花柱异长亚种、野甜荞花柱同长变种等变异类型，这些变异类型常混生。从垂直分布来看，甜荞基本上分布在600~1500m海拔地带，我国甜荞常年种植面积约70万hm²，总产量约75万t，面积和产量居世界第二位。苦荞，主产区大多分布在较冷凉地区或山区，如云南、四川和贵州，从垂直分布来看，苦荞主要分布于1200~3000m海拔地带，有栽培类型和野生类型。野生类型局限分布于青藏高原东部，如西藏东部、青海、云南西北部、四川西部等地区。其常年种植面积在50万hm²，总产量30万t。

第二节　荞麦的营养特性

荞麦作为小宗粮食作物，不仅富含蛋白质、脂肪、淀粉、纤维素、维生素、矿物质等营养成分，还含有其他禾本科粮食作物所不具有的生物黄酮类活性成分。因此，荞麦被誉为"五谷之王"。荞麦是食药同源作物，荞麦集营养、保健、药用为一体，被世界誉为21世纪具有前途的健康食品。蛋白质含量高于大米、小米、玉米、小麦和高粱，有禾谷类作物最缺少的赖氨酸。尤其荞麦中含有其他作物所不含的生物类黄酮。荞麦整体（根、芽、苗、籽粒）都具有宝贵的药用价值，尤其是籽粒，更是糖尿病、冠心病患者较好的食用选择。荞麦不仅含有比较均衡的氨基酸、丰富的油酸、亚油酸、淀粉等，而且荞麦中还含有丰富的生物活性成分，如生物类黄酮、多酚、抗性淀粉等。

一、碳水化合物

碳水化合物（carbohydrate，CHO）又称为糖类，是自然界最丰富的能量物质，主要由碳、氢、氧三种元素组成。碳水化合物的重要功能是供能，提供人类膳食70%~80%的热量，是人类膳食能量的主要来源。

1. 淀粉

荞麦中淀粉含量较高，一般为60%~70%，主要分布于胚乳细胞中，与大多数谷物相似。荞麦中淀粉含量也受到地域以及品种等因素的影响，生长于四川的荞麦淀粉含量均在60%以下，而陕西种植的荞麦中淀粉含量则相对较高，生长在此地区的苦荞和甜荞中淀粉含量均可达到63%以上。淀粉主要包括直链淀粉和支链淀粉，各种植物中两种淀粉的比例也存在一定差异，其中直链淀粉含量最高可达33%~44%。与谷类和薯类淀粉相比，淀粉颗粒较小，多呈多边形，表面存在一些空洞和缺陷，甜荞和苦荞在淀粉颗粒粒度大小方面没有明显差异。由于其淀粉直径是普通淀粉粒的1/11~1/5，多属软质淀粉，使荞麦食品具有易熟、易消化吸收的特点。

荞麦淀粉糊化温度一般高于80℃，黏度曲线上没有峰值出现，其糊化行为与豆类淀粉相似，为二段膨胀，属于限制型膨胀淀粉。荞麦淀粉的冻融析水率高于小麦和绿豆，但低于大米。另有研究显示，苦荞淀粉与玉米淀粉的X射线衍射图的特征峰所对应的衍射角和凝沉趋势基本一致，但具有较高的黏度。荞麦淀粉的透光率和黏度也受品种的影响，而且淀粉透光率与直链淀粉的含量成反比。荞麦中富含抗性淀粉，在未加工处理的荞麦籽粒中，抗性淀粉含量占总淀粉含量的33%~38%，但是经加工处理后，抗性淀粉含量降为7%~10%。苦荞淀粉糊的热稳定性、冷稳定性、冻融稳定性和抗凝沉稳定性强，淀粉凝胶的硬度、回弹性和黏聚性均较高，凝胶质构特性优良，且根据淀粉组分结构及微晶构型等物理化学性质可知，淀粉分子间作用力较强，加之受荞麦黄酮、蛋白质等大分子的抑制作用，使得荞麦淀粉的水解消化率较低，人体食用后的血糖生成指数约为53.16，是天然的低血糖生成指数主食，可以作为糖尿病、高血脂、高血压等疾病患者食品的优质原料。

2. 荞麦多糖与糖醇

多糖又称多聚糖，是由单糖缩合成的多聚物。多糖是一类重要的生物活性物质，且在植物中分布广泛。植物多糖具有免疫调节、抗肿瘤、抗衰老、降血糖、降血脂等多种生物活性，广泛地应用于保健食品、医药和临床，成为食品科学、天然药物、生物化学与生命科学研究领域的热点。植物多糖的相对分子质量从几万到百万以上，主要由葡萄糖、果糖、半乳糖、阿拉伯糖、木糖、鼠李糖、甘露糖、糖醛酸等单糖以一定的比例聚合而成。不同植物多糖的相对分子质量依其组成存在差异。采用水提醇沉法结合DEAE-纤维素柱层析分离纯化，获得3个苦荞多糖组分TBP1、TBP2和TBP3。TBP1和TBP2是由葡萄糖组成的均一多糖，其分子质量分别为167967u、567539u，而TBP3是由甘露糖、鼠李糖、葡萄糖醛酸、葡萄糖、半乳糖、阿拉伯糖等组成的杂多糖，分子质量高达835128u。

D-手性肌醇（D-CI）是一种水溶性肌醇（环己六醇）的立体异构体，具有降血糖活性，荞麦糖醇是荞麦种子发育成熟过程中所积累的具有降糖作用的D-CI及其单半乳糖苷、双半乳糖苷和三半乳糖苷的衍生物。D-CI及其半乳糖苷对人体健康非常有利，可调节血糖，尤其是对2型糖尿病有疗效。此外，荞麦中还含有山梨醇、肌醇、木糖醇、乙基-β-芸香糖苷，这些成分都对人体健康有利。

二、蛋白质

蛋白质是生命物质的基础，是生命有机体必需的一种多聚体，由许多氨基酸组成，是细胞、组织、器官的重要组成部分，为人体的必需营养素。食物蛋白质被人体消化吸收后，用于合成新的组织或维持组织蛋白分解代谢与合成代谢的动态平衡。

荞麦粉的蛋白质含量为8.51%~18.87%，荞麦粉的蛋白质含量明显高于大米、小米、小麦、高粱和玉米面粉。荞麦蛋白富含清蛋白、球蛋白和谷蛋白，而醇溶蛋白含量较少，只有约2%。荞麦蛋白含有18种氨基酸，其中人体所需的8种必需氨基酸组成合理，比例适宜，赖氨酸含量高于其他谷物，与大豆中赖氨酸含量相当，表1-1所示为荞麦与主要粮食中8种人体必需氨基酸含量比较。荞麦中赖氨酸比一般谷物高，因此，食用荞麦能弥补我国膳食结构所导致的"赖氨酸缺乏症"的缺陷。

苦荞粉中苏氨酸为第一限制氨基酸，含硫氨基酸为第二限制氨基酸。苯丙氨酸+酪氨酸以及色氨酸含量高于WHO/FAO提供的评分模式，其余的氨基酸较接近评分模式。从非必需氨基酸来看，含量较高的有谷氨酸、精氨酸、天冬氨酸。蛋白质评分与鸡蛋蛋白评分相比是78：83。因此，荞麦蛋白是理想的膳食蛋白质来源。

表1-1　荞麦与主要粮食中8种人体必需氨基酸含量　　　单位：%

氨基酸	甜荞种子	苦荞种子	小麦	大米	玉米
苏氨酸	0.274	0.417	0.328	0.288	0.347
缬氨酸	0.380	0.549	0.454	0.403	0.444
甲硫氨酸	0.150	0.183	0.151	0.141	0.161
亮氨酸	0.475	0.757	0.763	0.662	1.128
赖氨酸	0.421	0.688	0.262	0.277	0.251
色氨酸	0.109	0.187	0.122	0.119	0.053
异亮氨酸	0.273	0.454	0.384	0.245	0.402
苯丙氨酸	0.386	0.543	0.487	0.343	0.395

苦荞同时也含有一些致敏蛋白，免疫化学反应显示，从苦荞种子中提取的致敏蛋白，分子质量集中在20~60ku，最主要的致敏蛋白分子质量为24ku。哮喘是常见反应，极个别人在摄食含有荞麦粉的食物产品之后，可能出现食物过敏反应，这些过敏反应主要是接触荞麦致敏蛋白所致。

三、脂质

由脂肪酸和醇作用生成的酯及其衍生物统称为脂质，这是一类一般不溶于水而溶于脂溶性溶剂的化合物。脂质有重要的生理功能，是生物膜的重要组成部分，还可为人体供能，是脂溶性维生素的溶剂等。

荞麦脂肪含量为1%~3%，和其他大宗粮食相近。脱壳的荞麦籽粒中脂肪含量为2.6%~3.2%，其中81%~85%的是中性脂肪，8%~11%为磷脂，3%~5%为糖脂。从籽粒外层到中心，荞麦脂肪含量逐渐减少，商业上的荞麦面粉主要来自荞麦中心的胚乳层部分，其脂肪含量为1%，荞麦麸皮中脂肪含量为11%。荞麦脂肪在常温下为固态，呈黄绿色，具有重要的生理功能，是各营养素中产热量最高的一种。脂肪中的磷脂和胆固醇是人体细胞的主要成分，其中脑细胞和神经细胞中的需要量最多。荞麦脂肪包含9种脂肪酸，其中不饱和脂肪酸含量丰富，尤其油酸和亚油酸含量最多，占总脂肪酸的80%左右。苦荞的不饱和脂肪酸含量占脂肪含量的83.2%，甜荞则占81.8%，而且甜荞油脂中还含有亚麻酸（表1-2）。对两种荞麦油脂不皂化物的分析发现，两种荞麦油均以固醇的含量最高，苦荞油脂分离主要得到固醇类、三萜醇类和烃类化合物，甜荞油脂则主要含固醇类和烃类化合物（表1-3）。

表1-2　两种荞麦油的脂肪酸组成和含量　　　　单位：%

类别	苦荞油	甜荞油
油脂脂肪酸种类	2.59	2.47
棕榈酸	14.6	16.6
硬脂酸	2.2	1.6
油酸	47.1	35.8
亚油酸	36.1	40.2
亚麻酸	微*	5.8
花生酸	微*	微*
十二碳烯酸	微*	微*
山嵛酸	微*	微*
芥酸	微*	微*

注：* 表示含量在0.1%以下。

表1-3　两种荞麦油不皂化物的组成和含量　　　　单位：%

	不皂化物总含量	烃**	三萜醇**	固醇**	其他**
苦荞油	6.56	16.13	10.77	57.75	15.35
甜荞油	21.9	14.08	微*	60.3	25.62

注：**表示该值为碳氢化合物含量占不皂化物总含量的百分比在0.1%以下。

荞麦所含丰富的不饱和脂肪酸，对人体十分有益，有助于降低体内血清胆固醇含量和抑制动脉血栓的形成，对动脉硬化和心肌梗死等心血管疾病均具有很好的预防作用。荞麦中丰富的亚油酸在体内通过加长碳链可合成花生四烯酸，后者不仅能软化血管、稳定血压、降低血清胆固醇和提高高密度脂蛋白含量，而且是在人体生理调节方面起必需作用的前列腺素和脑神经组成的重要组分之一。

四、维生素

维生素是一类维持机体正常代谢所必需的低分子质量有机化合物。人体对维生素的生理需求虽然极其微量，但大多数维生素机体不能自身合成，同时维生素也不能大量储存在机体中，人体必须从食物中补充。荞麦中维生素含量丰富，如维生素B_1、维生素B_2、维生素PP等。荞麦中维生素B_2含量较高，是大米、玉米的2~10倍。荞麦中芦丁与维生素C并存，具有重要的生理功能和抗氧化活性。甜荞含0.1%~0.3%的芦丁，苦荞中含量高达6%~7%，维生素C为0.80~1.08mg/kg。荞麦和大宗粮食的维生素含量比较如表1-4所示，荞麦籽粒的不同部位，不同制粉方式所制成的荞麦粉维生素含量差异较大。一般来说，外层粉的维生素含量高，心粉的维生素含量低。

B族维生素能增进消化机能、抗神经炎和预防脚气病；B族维生素能促进人体生长发育，是预防口角、唇舌炎症的重要成分；B族维生素有降低人体血脂和胆固醇、降低微血管脆性和渗透性作用，是治疗高血压、心血管病，防止脑出血，维持眼循环，保护和增进视力的重要辅助药物。

维生素E能消除脂肪及脂肪酸自动氧化过程中产生的自由基，使细胞膜和细胞免受过氧化物的氧化破坏，与硒共同维持细胞膜的完整，维持骨骼肌、心肌、平滑肌和心血管系统正常功能，其中，荞麦维生素E中生育酚含量最多，其抗氧化能力强，对动脉硬化、心脏病、肝脏病等老年病有预防和治疗效果，对过氧化脂质所引起的疾病有一定疗效。

芦丁，是荞麦中主要的黄酮类化合物。荞麦是含有芦丁的少数几种食物之一，特别是苦荞中的芦丁含量极高。芦丁具有多方面的生理功能，如提高毛细血管的通透性、维护微血管循环、加强维生素C的代谢作用并促进其在体内蓄积，因此芦丁常用于治疗毛细血管变性引起的出血症或作为高血压的辅助药物。

表1-4　荞麦和大宗粮食的营养成分比较

项目	甜荞	苦荞	小麦粉	大米	玉米
维生素B_1/（mg/g）	0.08	0.18	0.46	0.11	0.31
维生素B_2/（mg/g）	0.12	0.50	0.06	0.02	0.10
维生素PP/（mg/g）	2.70	2.55	2.50	1.40	2.00
维生素P/%	0.10~0.21	3.05	0	0	0
叶绿素/%	1.30	0.42	0	0	0

五、矿物质

荞麦含有丰富的矿物质，钾、镁、铜、铬、锌、钙、锰、铁等含量都大大高于禾谷类作物，其矿物质含量受栽培品种、种植地区的影响较大。例如四川有些甜荞含钙量高达0.63%，苦荞为0.742%，是大米的80倍，可作为天然补钙食品食用。荞麦中镁元素和钾元素含量高达100mg/kg以上，分别是小麦粉和大米的3~4倍和2~3倍。众所周知，镁元素具有加速人体纤维蛋白溶解的功效，在一定程度上可以调节人体心肌活动，预防动脉硬化和心肌梗死，而钾元素不仅是体内维持人体各项生理平衡的重要元素，对缓解乏累无力等疲劳症状也有一定作用。另外，苦荞中还富含硒、硼、碘等微量元素，尤其是硒元素，在其他谷物中是极其缺乏的元素。硒是荞麦中含有的一种微量元素，相较于其他同类生物含量较高。

六、膳食纤维

膳食纤维被称作"第七大营养素"，具有降低血糖和血清胆固醇的作用。荞麦中膳食纤维含量丰富，荞麦种子的膳食纤维含量3.4%~5.2%，苦荞粉膳食纤维含量约1.62%，比玉米粉高8%，分别是小麦和大米的1.7倍和3.5倍。荞麦种子的总膳食纤维中，20%~30%是可溶性膳食纤维。荞麦麸皮中总的膳食纤维含量与燕麦麸皮中膳食纤维含量类似（17%），但是荞麦麸皮中水溶性膳食纤维含量（7.7%~9.2%）比小麦麸皮（4.3%）和燕麦麸皮（7.2%）中含量都高，且荞麦膳食纤维中不含有植酸。不同荞麦品种籽粒中总膳食纤维含量差异较大，主要受籽粒大小、栽培条件和栽培品种差异的影响，籽粒较小的荞麦胚乳部分比例小，种皮部分比例大，这导致小粒荞麦含有更多的膳食纤维。

现代研究表明食用荞麦膳食纤维具有降低血脂，特别是降低血清总胆固醇和低密度脂蛋白胆固醇含量的功效，同时有降血糖和改善糖耐量的作用；饮食中的膳食纤维可能与矿物质元素和蛋白质结合，减少了其在小肠中的吸收和消化率，研究表明小麦蛋白比荞麦蛋白更容易被消化利用，这可能由于荞麦中高含量的膳食纤维在起作用。

第三节　荞麦功能活性物质及应用现状

一、黄酮类物质

黄酮类化合物又称生物黄酮，泛指具有酚羟基的两个芳香环（A环和B环），是通过中央三碳链相互连接而成的一系列化合物，它的基本结构骨架为C6—C3—C6。根据中央三碳链的氧化程度、B环链接位置以及三碳链是否构成环状等特点，将黄酮类化合物分为14类：黄酮类、黄酮醇类、二氢黄酮类、二氢黄酮醇类、异黄酮类、二氢异黄酮类、黄烷醇类、查尔酮类、二氢查尔酮类、口山酮类、橙酮类、高异黄酮类、花色素类、双黄酮类。其中，芦丁和槲皮素是研究较多的黄酮类成分。

黄酮类化合物属于多酚天然化合物，是荞麦中最重要的生物活性物质之一，广泛存在于荞麦的花、茎、叶和籽粒中，主要包括芦丁、槲皮素、山柰酚、桑色素。其中芦丁又称芸香苷、维生素P，是槲皮素3-O-芸香糖苷，占荞麦黄酮总量的75%以上。从甜荞中分离鉴定了六种黄酮类化合物，分别为芦丁、荭草素、牡荆素、槲皮素、异牡荆素和异荭草素，其中脱壳的种子中只含有芦丁和异牡荆素，而壳中则含有这六种化合物，并且甜荞脱壳种子和壳中的总黄酮含量分别为18.8mg/100g和74mg/100g。

黄酮类化合物作为苦荞多酚的主要成分，具有较强的抗氧化作用。有研究表明，苦荞叶、壳提取物对脂质的过氧化具有较好的抑制作用，并具有清除羟自由基和超氧阴离子的能力，可强烈抑制大鼠肝脏脂质过氧化物丙二醛的产生。芦丁可以提高毛细血管的通透性，维持微血管循环，加强维生素C的代谢及促进维生素C在体内蓄积的功能。因此，荞麦常用于辅助治疗毛细血管脆性增加引起的出血症及高血压病。经临床观察证明，苦荞具有明显的降血糖、降血脂的功能，对心脑血管疾病和糖尿病患者有一定好处。

二、酚酸类物质

荞麦中的酚酸类化合物主要是苯甲酸衍生物和苯丙素类化合物，这些酚酸包括咖啡酸、没食子酸、香草酸、绿原酸、阿魏酸等。酚类化合物具有很好的生理活性，如抗氧化、抗菌、降低胆固醇、促进脑蛋白激酶等活性。甜荞酚类物质因部位不同，总酚酸含量也会有所不同。甜荞麸中总酚含量高于甜荞粉，其中甜荞麸的总酚含量为2.434mg/g。甜荞多酚主要以自由酚形式存在，甜荞粉自由酚占总酚比例为93%，甜荞麸自由酚占总酚比例为88%。此外，荞麦抗氧化能力与多酚含量之间呈线性相关。对苦荞籽粒不同部位的分析测定发现，苦荞籽粒中的酚酸类物质主要包括原儿茶酸、阿魏酸、对羟基苯甲酸等9种化合物，其总含量为94.6~1754.3mg/kg。此外，还含有原花青素0.03%~5.03%。在苦荞籽粒壳、麸皮、外层粉和内层粉等不同结构物料中，麸皮的酚类成分含量最高，苦荞壳次之，内层粉的含量最低（表1-5）。

表1-5 苦荞籽粒不同部位多酚类物质含量分布

成分	壳	麸皮	外层粉	内层粉
没食子酸/（mg/kg）	47.01	51.53	6.88	10.52
原儿茶酸/（mg/kg）	189.16	258.97	26.69	22.82
对羟基苯甲酸/（mg/kg）	72.17	360.25	47.47	11.95
香草酸/（mg/kg）	40.97	141.0	8.94	4.95
咖啡酸/（mg/kg）	9.90	104.68	7.61	14.75
丁香酸/（mg/kg）	4.92	18.01	1.35	1.21
P-香豆酸/（mg/kg）	0	42.78	0	0
阿魏酸/（mg/kg）	221.05	768.11	0	25.20
O-香豆酸/（mg/kg）	370.45	0	0	28.41
原花青素/%	0.03%	5.03%	0.60%	—

注："—"表示该物质不存在或未进行测定。

三、植物固醇类

植物固醇存在于荞麦的各个部位，主要包括β-谷固醇、菜油固醇、豆固醇等。植物固醇对许多慢性疾病都表现出药理作用，具有抗病毒、抗肿瘤、改善供试体的免疫状况，抑制体内胆固醇的吸收等作用，β-谷固醇是荞麦胚和胚乳组织中含量最丰富的固醇，约占总固醇的70%。据Heinemann等报道，β-谷固醇物质不能被人体所吸收，摄食植物固醇可明显地抑制活体中胆固醇的吸收。但是有效地降低血清胆固醇水平所需β-谷固醇的剂量较高，建议摄入剂量为每天3~6g。

荞麦花粉中固醇的情况相当复杂，其中β-谷固醇占植物固醇总量的40.8%、异岩藻固醇（isofucosterol）占22.1%、2,4-亚甲基胆固醇（2,4-methylene-cholesterol）占13.8%、菜子固醇占10.1%。花粉样品中分离的植物固醇量为51mg/100g。

植物固醇凝胶对于大鼠的实验性烧伤、小鼠的实验性烫伤有促进创面修复的功能，可以显著缩短愈合时间，缩小其愈合面积。此外，植物固醇凝胶可以抑制二甲苯引起的大鼠耳廓肿胀，说明其具有抗炎作用。

四、γ-氨基丁酸

荞麦中含有γ-氨基丁酸（GABA），含量为2.44mg/100g。γ-氨基丁酸（GABA）是谷氨酸脱羧酶催化的脱羧作用形成的天然存在的功能性蛋白质。植物中GABA的合成主要受GABA支路和多胺降解的影响，其中谷氨酸脱羧酶（glutamatede carboxylase，GAD）和二胺氧化酶（diamine oxidase，DAO）分别是这两条途径中的限速酶。植物在受热、受冷、盐胁迫、酸胁迫、低氧胁迫等条件下会强烈激活GAD和DAO活性，从而促使GABA富集。它广泛存在于哺乳动物脑和脊髓中，是一种重要的骨髓和骨髓抑制性递质，具有降血压、镇痛和提高记忆等生理功能。

五、荞麦碱

荞麦籽粒中存在的荞麦碱属于一种醌类。1997年Minn-Dalk报道，荞麦中发现的荞麦碱可被用来治疗2型糖尿病。荞麦碱在苦荞中的含量很低，带壳苦荞籽粒中荞麦碱的含量为68μg/g，叶中含量为512μg/g，花序中含量达640μg/g，然而，在去壳的苦荞籽粒中并未检测到荞麦碱。

六、硫胺素结合蛋白

硫胺素结合蛋白（TBP）普遍存在于种子植物门种子中，在植物体内担负着硫胺素的转运和储存作用。它们可以促进硫胺素在贮藏期间的稳定性，并促进硫胺素的生物效率。荞麦种子分离的TBP已成为系统研究配体-蛋白相互作用化学机制的主题。对于那些缺乏和不能储存硫胺素的患者而言，荞麦是一种很好的硫胺素补给资源。

第四节　荞麦发酵食品现状

发酵一开始是一种保藏食物的技术，经过发酵的食品，其营养价值有所提高并且感官特性也有所增强，并且这种保藏技术成本较低；另外，发酵还能起到解毒的作用，可以破坏食物原材料中存在的一些不良因子，如植酸、单宁等，对于牛乳的发酵来说，还可以分解部分乳糖，这就使得发酵乳的食用范围更加广泛，尤其适合有乳糖不耐症的人群；传统的发酵食品，如面包、干酪、酒类，已有千年的制作历史及消费，渐渐形成了特有的文化和传统，因此，发酵食物和饮料历经千年仍长盛不衰，并且随着时间推移逐渐发展出各式各样的发酵产品，满足不同人群的需要。

杂粮发酵食品是以不同种类的杂粮为原料，以根霉菌和酵母为发酵剂，按照传统发酵工艺包括浸泡、蒸煮、接种发酵剂，在适宜的温度下发酵制得的发酵食品。杂粮纯菌发酵工业在我国的发酵历史不长，传统的杂粮发酵多局限于小规模、家庭式生产，不能保证产品的质量与风味。荞麦淀粉含量高于其他粮食作物，且支链淀粉含量丰富，是用于发酵酿造的理想原料。荞麦发酵可使荞麦中复杂的成分（淀粉、蛋白质、脂肪和糖）在微生物的作用下分解成简单物质（有机酸类、氨基酸类、醇类、核酸类、生物活性物质等），这样就极大地提高了荞麦营养物质的消化吸收率，改变了荞麦食品适口性，并增加了荞麦工业化生产的途径。开发研制荞麦发酵食品对促进荞麦生产的发展有重大意义，为苦荞食品的工业化提供了更多的途径。

荞麦发酵食品包括荞麦醋、荞麦酱油、荞麦白酒、荞麦啤酒、荞麦黄酒、荞麦发酵饮料、荞麦面包、荞麦面酱、荞麦醪糟、荞麦酸乳等。其中，荞麦酒和荞麦乳饮料取得了较大的研究进展。荞麦酒因抗氧化、抗病毒、降低细胞毒性等生理功能显著而成为当前荞麦发酵食品研究的热点。研究发现，荞麦酒采用大小曲混合发酵工艺后，其出酒率、总酸及总酯含量明显提高，且甲醇及杂醇油含量均明显降低。荞麦酒主要风味成分为乙醇、异戊醇、苯乙醇等。目前，荞麦酒的发展趋势正由传统荞麦白酒向新型荞麦复合酒转变，其消费群体逐渐从中老年群体转向青年人群。在充分且合理地利用荞麦的营养特性研发各类型的荞麦酒的同时，应该努力提高荞麦酒的市场占有率，并且着重发展对荞麦高活性功能成分与营养成分在苦荞酒中的保留程度的研究。乳饮料主要是以鲜乳或乳制品为原料，经发酵或未经发酵加工制成，具有较高的营养价值。研究人员以荞麦为原料，并结合适量乳粉，使用保加利亚乳杆菌、嗜热乳酸链球菌混合进行发酵，配以蔗糖和稳定剂，制成的荞麦保健乳饮料深受广大消费者喜爱。因此，发展荞麦乳饮料具有广阔的前景，能够带动荞麦行业的发展。荞麦当前开发加工的发酵产品有以下几类。

一、苦荞醋

将苦荞进行发酵、后期调配等多道工序，可制成特有风味的营养保健型醋。研究表明，与传统食醋相比，苦荞醋具有独特的食疗作用，并在降血糖、降血脂、抗氧化等方面效果显著，其上述生理功能可能与所含的活性成分有关。

二、苦荞酒

苦荞酒的种类也在逐步增加。例如，苦荞红曲酒，通过红曲霉固态培养荞麦的方式制曲，继而加入适量的水并将其转入液态发酵产酒，向其中加入大米根曲霉糖化液，使酒体具有独特的酯香风味。苦荞酒运用现代化小曲白酒酿造工艺，经发酵和陈酿保留了苦荞中的营养成分，荞香优雅、酒色淡黄、风味独特，在保持传统白酒口感和风味的同时还增强了其营养特性。以苦荞为生产辅料的苦荞啤酒泡沫洁白而细腻、口味清爽而醇和、苦荞香味突出，弥补了传统啤酒风味单一的不足，丰富了啤酒的种类。

三、荞麦醪糟

醪糟是一种风味性食品，是由大米或者糯米经过微生物发酵而制成的。口味香甜醇美，酿制工艺简单，酒精含量极低。醪糟可分为两类，一类是经过加热灭菌的熟醪糟，保存期较长，且质量较稳定；另一类是不经过加热灭菌的醪糟，保存期较短。酒精度也会随着发酵时间的延长呈现上升趋势，糖度也会慢慢下降，最后变成米白酒。醪糟的开发丰富了苦荞产品的种类。

四、苦荞酸乳

目前复合功能型酸乳的研发已成为酸乳业发展的一种新兴趋势。苦荞酸乳黄酮类化合物含量高达18mg/100g，且人体必需氨基酸含量比一般的酸乳高出45.14%，营养价值较高。

五、苦荞酱油

酱油是以蛋白质原料和淀粉质原料为主料，利用微生物发酵制成的传统调味品。相比于苦荞酒和苦荞醋，关于苦荞酱油的研究较少。目前已有的研究表明，将苦荞粉代替麸皮作为原料制作酱油是可行的。

荞麦发酵产业要想在众多发酵业中脱颖而出就要对其酿造工艺和酿造种类进行系统的优化和丰富，大胆创新，勇于开拓，以促进我国荞麦产业的发展。扩大产品规模化与产业化生产，逐步淘汰手工作坊式生产结构。自主研发荞麦产品的生产加工工艺配套设备，并实现机械化、自动化与信息化相结合的智能加工设施。建立健全荞麦原料和产品标准，以及法律法规，同时完善产品的追溯体系以及对其风险分析的方法。

参考文献

[1] 贺学林.荞麦发酵食品开发[J].杂粮作物, 2002（4）: 239-240.

[2] 石非.新型杂粮发酵食品的研究[D].保定: 河北农业大学. 2015.

[3] 李艳梅, 李蓉, 杨斯惠, 等.荞麦酒的研究现状[J].农业与技术, 2019, 39（3）: 16-17.

[4] 杨海莹, 张锐, 张应龙, 等.荞麦营养及其制品研究进展[J].粮食与油脂, 2014, 27（10）: 10-13.

[5] 何伟俊, 曾荣, 白永亮, 等.苦荞麦的营养价值及开发利用研究进展[J].农产品加工, 2019（23）: 69-75.

[6] 王仙女, 罗中旺.内蒙古荞麦产业现状及展望[J].北方农业学报, 2017, 45（1）: 33-36.

[7] 李艳梅, 杨斯惠, 李蓉, 等.我国苦荞加工利用研究进展[J].安徽农学通报, 2019, 25（5）: 104-106, 108.

[8] 陈慧, 李建婷, 秦丹.苦荞的保健功效及开发利用研究进展[J].农产品加工, 2016, 15: 63-66.

[9] 郭元新, 蔡华珍, 王世利.苦荞饮料的工艺研究[J].饮料工业, 2007（1）: 18-20.

[10] 梁啸天, 张春华, 倪娜, 等.荞麦营养功能与产品开发前景[J].特种经济动植物, 2020, 23（9）: 21-23, 32.

[11] 赵钢, 唐宇, 马荣.苦荞麦的营养和药用价值及其开发应用[J].农牧产品开发, 1999（7）: 3-5.

[12] 王婷.苦荞花生复合发酵酸奶的研制[D].咸阳: 西北农林科技大学, 2013.

[13] 赵芳.益生菌筛选及苦荞多肽发酵乳的研制[D].太原: 山西大学, 2016.

第二章

荞麦醋

第一节　概述

一、食醋的概述

GB 2719—2018《食品安全国家标准　食醋》中对食醋的定义是：单独或混合使用各种含有淀粉、糖的物料、食用酒精，经微生物发酵酿制而成的液体酸性调味品。甜醋是单独或混合使用糯米、大米等粮食、酒类或食用酒精，经微生物发酵后再添加食糖等辅料制成的食醋。食醋的总酸含量（以乙酸计）需要≥3.5g/100mL，甜醋的总酸含量（以乙酸计）需要≥2.5g/100mL。

食醋起源于我国，有文字记载是在距今3000余年的公元前1058年的《周礼·天官》篇中有"醯人主作醯"的记载。醯即醋和其他各种酸性调味品。秦汉时期，食醋生产已具有相当大的规模。早在三国时期就实行官贩苦酒的食醋专卖制。在北魏时期，贾思勰在《齐民要术》中对酿醋工艺进行详细记载，而到了元代制醋工艺又有了进步，在不同季节采用不同原料配方，使用开水淋醋。清代和民国时期的酿醋工艺与现在的用缸制醋的方法基本相同，均以手工操作的小作坊形式酿醋，存在设备简陋、卫生条件差等缺点。新中国成立后，酿醋行业进一步得到发展，生产环境、设备、酿醋工艺有了很大进步。目前，我国制醋行业已逐步发展成为工业化生产，企业实现了比较先进的科技化、自动化生产，产不但品质量好，而且产量大大提高，企业可积极创名牌产品，还可研究风味产品、保健产品、营养产品、特色产品等，深受消费者的欢迎。凡淀粉、糖类、酒精等含量高的物质，都能够成为酿醋的原料，一般情况下，以淀粉含量多的粮食为基本原料，也称为主料。我国四种传统名醋包括山西老陈醋、镇江香醋、保宁醋、永春老醋，这四种传统醋都属于固态发酵工艺。

随着科学发展，人们对食醋的认识越来越深入。食醋本身除含有90%以上的醋酸外，还含有柠檬酸、乳酸、氨基酸、琥珀酸、苹果酸、葡萄糖、钙、磷、铁、B族维生素、醛类化合物、食盐等。因此，食醋可以起到保护食物中水溶性维生素的作用。老年人多吃食醋，可以软化血管、降低胆固醇、促进消化、预防流行性感冒等。

二、食醋的分类

食醋被视为国内外共有的调味品，目前产量最大且风味较好的是发酵醋，它是以淀粉类物质、糖类或酒精为主料，经微生物发酵而成的一种调味品。正是由于醋酸的发酵工艺、原料和前处理方式的不同，使得不同食醋含有不同的营养成分和独特的风味特征。

（一）按醋酸发酵工艺分类

按发酵工艺可分为三类：第一类为固态发酵食醋，以粮食及其副产品为原料，采用固态醋醅发酵酿制而成的食醋。此方法是我国传统的酿醋方法，固态发酵醋醅疏松有利于色素的形成，醋醅中水分不多，发酵进行缓慢，生化反应时间充足，发酵进行完善，酯类形成较多，产品成熟较好，在氨基酸、不挥发酸、糖分等理化指标和色泽、香气、滋味、体态等感官指标方面优于液态发酵醋醅，但存在发酵时间长、生产成本高、劳动强度大、出醋率低等缺点。我国著名食醋产品，如镇江香醋、山西老陈醋、四川麸醋等大部分采用固态发酵法。固态发酵工艺可分为全固态发酵和前液后固发酵；第二类为液态发酵食醋，是以粮食、糖类、果类或酒精为原料，采用液态醋醅发酵酿制而成的食醋。原始的醋酸发酵形式是液态发酵，此方法西方各国沿用至今，我国在生产实践中将醋酸发酵形式逐步改为以液态发酵为主，比固态发酵醋风味差、产品刺激性强、生产成本低、出醋率高、发酵时间短；第三类是固液混合发酵法，这是一种新兴酿醋工艺。它既能增加食醋风味又能加快生产和提高出品率，已成为当今酿醋业较为理想的生产方法。固态、液态结合发酵酿醋方法，是在麸皮和谷糠中加入发酵好的酒醪中，然后向醋醅中接入生香酵母、乳酸菌、醋酸杆菌，将其放入发酵罐进行醋酸发酵的方法，接种料生成的料汁会流到发酵罐的底部。固态、液态混合发酵酿醋工艺将固态和液态发酵酿醋的优点相结合，产酸率高、醋的口感和风味好。其感官特性和理化指标如表2-1、表2-2所示。

表2-1　感官特性

项目	要求	
	固态发酵食醋	液态发酵食醋
色泽	琥珀色或红棕色	具有该品种固有的色泽
香气	具有固态发酵食醋特有的香气	具有该品种特有的香气
滋味	酸味柔和，回味绵长，无异味	酸味柔和，无异味
体态	澄清	

表2-2　理化指标

项目	指标	
	固态发酵食醋	液态发酵食醋
总酸（以乙酸计）/（g/100mL）	3.5	3.5
不挥发酸（以乳酸计）/（g/100mL）	0.5	—
可溶性无盐固形物/（g/100mL）	1	0.5

注：以酒精为原料的液态发酵食醋不要求可溶性无盐固形物。

（二）按前处理方式分类

按前处理方式的不同，可分为生料醋和熟料醋，生料酿醋虽可简化前处理工艺、节约能源、降低生产成本等，但操作工序要求严格，倘若管理不善，会造成杂菌污染。

（三）按颜色分类

食醋按颜色可分三类：一类是深色醋，因颜色呈黑褐色又名黑醋；另一类是淡色醋，呈棕色；最后是白醋，呈无色透明状。

三、荞麦醋的研究现状

2002年有研究人员采用生料发酵制备苦荞香醋。生料发酵制备苦荞醋时，其中的功能活性物质含量会发生变化，酒精发酵阶段是主要功能成分有效积累阶段，如总黄酮、多酚、γ-氨基丁酸、D-手性肌醇的含量增加；醋酸发酵阶段，总黄酮随着发酵时间的延长，呈逐渐下降趋势，γ-氨基丁酸含量基本维持不变，而D-手性肌醇含量有明显的提高；熏醅阶段，多酚含量呈先增加后平缓的趋势，其余成分含量明显下降。荞麦醋发酵过程中，黄酮类化合物逐渐减少，尤其在糊化、液化和糖化阶段，可能由于温度较高，导致黄酮类物质分解，发酵过程中，荞麦醋清除自由基能力最好，荞麦糖化液次之，荞麦醪糟最差。深层发酵作为酿造食醋的方法之一，具有生产周期短，节约原料同时能提高功能活性物质，采用液态深层发酵方式制备荞麦醋，酿造得到的荞麦醋酸味柔和，具有醋香和荞麦特有的香气。在发酵温度30℃、发酵时间60h、接种量为10%、初始乙醇含量为6%（体积分数）的条件下乙酸的转化率可达95.8%。液态发酵酿造苦荞醋的糖化和醋化工艺优化后，同时麸皮糖化法比没糖化法黄酮保留率高0.5%。

荞麦醋具有抗氧化、降血糖、降血压、健胃及促进消化等作用。

荞麦醋及其多糖类物质均具有抗氧化活性，苦荞醋中的多糖主要由阿拉伯糖、木糖和葡萄糖组成，还含有少量的甘露糖和半乳糖。荞麦醋的抗氧化性与四甲基吡嗪、1-（2-呋喃基）乙酮、乙酸异戊酯、戊酸乙酯及总多酚高度相关，而与3-羟基-2-丁酮、3-甲基丁酸及总黄酮含量有一定相关性。荞麦醋制备的不同发酵阶段伴随着特定酚酸结合、酯化以及游离部分的动态迁移和转化，荞麦醋的抗氧化活性可以通过在生产过程中调节特定酚酸的生成量来改善。

通过小鼠实验发现苦荞醋中因含有D-手性肌醇而具有降低血糖的作用，能够改善糖尿病小鼠的肠道菌群结构。荞麦醋可以有效降低D-半乳糖诱导的小鼠血清和肝脏的氧化损伤。

第二节　荞麦醋的生产工艺

酿造食醋的颜色为棕红色或无色透明，有光泽，有熏香或酯香或醇香；酸味柔和、稍带甜味、不涩、回味绵长；浓度适当，无沉淀物。以酸味纯正、香味浓郁、色泽鲜明者为佳。

一、制醋原料

凡是含有淀粉、糖类、酒精等成分的物质，均可以作为食醋的原料，一般多以含淀粉多的粮食为基本原料。我国南方多以大米为原料；我国北方多以高粱、小米、薯干、玉米作为酿醋原料。

二、发酵剂生产工艺

（一）发酵剂

1. 酿造食醋常用微生物

（1）霉菌类　主要作为液化、糖化菌使用。常见的霉菌有：米曲霉沪酿3.042、甘薯曲霉AS3.324、乌氏曲霉AS3.758、黑曲霉AS3.4309、白曲霉AS3.583。其中工厂常使用的有黑曲霉、甘薯曲霉、乌氏曲霉、米曲霉。

（2）酵母类　主要用于酒精发酵菌种。常用的有酿酒酵母AS2.399、椭圆酿酒酵母AS2.541等。

（3）醋酸菌类　主要用于醋酸发酵。酿醋工艺常用的是恶臭醋酸杆菌浑浊变种AS1.41和沪酿1.01。

2. 糖化剂的制备

淀粉质原料酿制食醋，必须经过糖化、酒精发酵、醋酸发酵三个阶段。把淀粉转变成糖，所用的催化剂为糖化剂。

（1）大曲（块曲）　大曲是以根霉、毛霉、曲霉、酵母为主，并有大量野生菌存在的糖化曲。我国著名的食醋大多采用大曲酿造。

大曲作为酿制陈醋、熏醋、香醋的糖化发酵剂，在制造过程中依靠自然界带入的各种野生菌在淀粉质原料中进行富集，扩大培养，并保藏了各种酿醋用的有益微生物。再经过风干、贮藏，成为成品大曲。

①工艺流程

大麦（70%）→ 粉碎 ┐
　　　　　　　　　├→ 混合 → 加水拌料 → 踩曲 → 入曲室 → 上霉 → 晾霉 →
豌豆（30%）→ 粉碎 ┘

起潮火 → 大火 → 后火 → 养曲 → 出曲 → 成品曲

②操作要点

原料粉碎：将大麦70%与豌豆30%分别粉碎后混合。冬季粗料占40%，细料占60%；夏季粗料占45%，细料占55%。

加水拌料、踩曲：拌料要均匀掌握好水分，每50kg混合料加温水25kg。踩曲用12人依次踩实。不少厂家已采用机械制曲机制曲，踩好的曲块应厚薄均匀、外形平整、四角饱满无缺，结实坚固，每块曲3.5kg以上。

入曲室：入曲室将曲摆成两层，地上铺谷糠，层间用苇秆间隔洒谷糠，曲间距离15mm，四周围用席蒙盖，冬季围席两层，夏季一层，蒙盖时用水把席喷湿。曲室温度冬季14~15℃，夏季为25~26℃。

上霉：上霉期要保持室温暖和，待品温升至40~41℃时上霉良好，揭去席片，冬季4~5d，夏季2d。

晾霉：晾霉时间12h，夏季晾到32~33℃，冬季晾到23~25℃，然后翻曲成三层，曲距离40mm，使品温上升到36~37℃，不得低于34~35℃，晾霉期为2d。

起潮火：晾霉待品温回升到36~37℃，将曲块由三层翻成四层，曲间距离50mm，品温上升到43~44℃，曲块四层翻成五层，品温上升持续至46~47℃，需3~4d。

大火：进入大火拉去苇秆，翻曲成六层，曲块间距105mm，使品温上升至47~48℃，再晾至37~38℃，坡架翻曲成七层，曲块间距130mm，曲块上下内外相互调整，品温再升至47~48℃，晾至38℃左右，此后每隔两天翻一次。总共翻曲3~4次，大火时间7~8d，曲的水分要基本排除干净。

后火：曲在后火时有余水，品温高达42~43℃，晾至36~37℃，翻曲七层，上层间距50mm，曲块上下内外相调整，因曲心较厚，尚有一点生面，适于用温火烘之，需2~3d时间。

养曲：等曲块全部成熟，进入养曲期，翻曲成七层，间距35mm，品温保持于34~35℃，曲以微火温之，养曲时间2~3d，全部制曲周期为21d。

出曲：成曲出曲前，尚需大晾数日，使水汽散尽以利于存放。成曲出曲室后，储于通风处，垛曲时保留空隙，以防返火。如制红心曲，则应在曲将成之日，保温坐火，使曲皮两边向中心夹击，两边温度相碰接火，则红心即成。

（2）小曲（药曲或酒药） 主要是根霉及酵母。小曲酿醋时用量很少，易于运输和保管，但这类曲对原料选择性强，适用于糯米、大米、高粱等原料，对于薯类原料适应性差。

（3）麸曲 以糖化力强的黑曲霉、黄曲霉为主，这类曲是酿醋厂普遍采用的糖化剂，采用人工纯种培养，操作简便，出醋率高。麸曲生产成本低，对各种原料适应性强，制曲周期短。

麸曲分为三种制备方法，分别为曲盒制曲、帘子制曲和机械通风制曲。制盒曲、帘子曲劳动强度大，目前只有制作种曲时或小厂采用，大生产中已被淘汰。帘子制曲虽然有一定改进，但仍不能摆脱手工操作，劳动强度大而且占用厂房面积大，生产效率低，还受气候影响，产品质量不稳定，通常只有制备种曲时应用此法。机械通风制曲，曲料厚度为帘子法的10~15倍，曲料入箱后通入一定温度、湿度的空气，提供曲霉适宜生长的条件，这样便可达到优质、高产及降低劳动强度的目的。

①工艺流程

三角瓶种曲：麸皮、稻壳、水 → 拌料 → 蒸料 → 装三角瓶 → 灭菌 → 摇瓶散冷 → 接种 → 摇瓶 → 保温培养 → 扣瓶 → 保温培养 → 三角瓶种曲

木盒（或帘子）种曲：麸皮、水 → 拌料 → 蒸料 → 散冷 → 接种 → 堆积 → 入室培养 → 摊平 → 上下倒盒 → 划盒二次 → 第二次上下倒盒 → 开窗干燥 → 种曲

通风制曲：麸皮、稻壳、水 → 拌料 → 蒸料 → 散冷 → 接种 → 堆积 → 装箱 → 静置保温培养 → 间断通风保温培养 → 连续通风保温培养 → 麸曲

②操作要点

三角瓶种曲：称取麸皮100g，稻壳5g，加水75~80mL，拌匀装入1000mL三角瓶中，厚0.5~1cm，加棉塞包好防潮纸，放入高压灭菌锅0.1MPa、15min取出放入无菌室冷却至30℃，将试管中黑曲霉移接在三角瓶中，放入30℃保温箱中培养，经24~28h观察生长情况，如布满白色菌丝，即可扣瓶，将三角瓶倒放在保温箱中，再经48h，等长满黑褐色孢子即成熟，短期备用。

木盒种曲：称取麸皮50kg，加水50~55kg，拌匀，装锅冒汽后40min取出，入无菌培养室过筛疏松，等品温降到35℃左右，接入三角瓶种曲0.3%~0.5%，接种后品温降至30~32℃，堆集1~2h，然后装入灭菌的曲盒内，厚度1cm左右，码成柱形，室温前期29℃，当品温上升到34~35℃时倒盒，等长满菌丝后

将盒内曲料分成小块，即划盒。划盒后将曲料摊平盖上灭过菌的湿草帘，然后将盒摆成品字形。地面上洒些水，以保持室内温度。后期室温保持在26℃，全部生产过程需72h，待曲料布满黑褐色孢子即种曲成熟。后期室温控制在30℃，排除潮气出曲房，存放在阴凉、空气流动处，干燥备用。

通风制曲：通风制曲由于曲料厚度在20~25cm，要求通风均匀，阻力小，因此在配料中适当加入稻壳或谷糠等以保证料层疏松。每50kg麸皮加入稻壳4~5kg，加水30~32.5kg拌匀，装入锅内冒汽30min出锅，用扬料机打碎结块并降温，至32~35℃接种0.3%~0.5%，装入曲池内，品温30℃，室温保持28℃左右，品温上升至34℃时开始通风，降至30℃时停风，待曲块形成翻曲一次，疏松曲块利用通风，控制品温连续通风，经28~30h菌丝大量形成结块，即成麸曲，出曲室摊开阴干，短期备用。

（4）红曲　红曲是我国的特色曲之一。即将红曲霉接种培养于米饭上，使其分泌出红色素和黄色素，并产生较强活力的糖化酶。红曲被广泛应用于食品增色及红曲醋、玫瑰醋的酿造。

（5）液体曲　一般以曲霉、细菌经发酵罐内深层培养，得到一种液态的含α-淀粉酶及糖化酶的曲，可替代固体曲用于酿醋。液体曲机械化程度高，节约劳动力，减轻劳动强度，但设备投资大，技术要求高。

（6）酶制剂　主要是从深层培养法生产中提取酶制剂，如用于淀粉液化的枯草杆菌α-淀粉酶及用于糖化的葡萄糖淀粉酶都属于酶制剂。

（二）酒母的制备

使糖液或糖化醪进行酒精发酵的原动力是酵母，有大量酵母繁殖的酵母液就是发酵剂，这种发酵剂在制酒制醋中简称酒母。酵母是一群单细胞微生物，属真菌类，是人类生产实践中应用较广的一类微生物。在自然界中，酵母的种类很多：有的酵母能把糖发酵生成酒精，有的则不能；有的酵母能产酯香味；有的酵母在不良环境中仍能旺盛发酵，有的则发酵差。传统老法制醋中的酒精发酵是依靠各种曲及从空气中落入的酵母而繁殖的，也有的将上一批优良的"酵子"留一部分作"引子"进行酒精发酵的。依靠自然菌种发酵的酵母，批次之间质量不太稳定，采用人工培育的酵母，出酒出醋率既高又稳定，但食醋风味不如老法制醋。

酵母生长的适宜温度在28~33℃，35℃以上则活力减退。

酵母是兼性厌氧菌，在不通气条件下，细胞增殖较慢，培养3h，酵母数只增加30%左右；而在通气条件下，培养3h，酵母细胞数可增殖近1倍。从产酒精数量来看，在不通气的条件下，酵母的酒精发酵力比较强，在酒精发酵的生产过程中，发酵初期应适当通气，使酵母细胞大量繁殖，积累大量活跃细胞，然后再停止通气，使大量活跃细胞进行旺盛的发酵作用。

（三）醋母的制备

醋酸发酵主要是由醋酸菌氧化酒精为醋酸，把葡萄糖氧化成葡萄糖酸，还氧化其他醇类、糖类生成各种有机酸，形成食醋的风味。老法制醋的醋酸菌完全是依靠空气中、填充料及曲上自然附着的醋酸菌，因此生产周期长，一般出醋率低，产品质量不稳定，目前我国还有一部分制醋工厂，酿醋时不加纯粹培养的醋酸菌，有的采用传统方法，将上一批醋酸发酵旺盛阶段的醋醅，接入下一批醋酸发酵的醋醅中，称为"接火""提热"等。

因醋酸菌种类不同，其对酒精的氧化能力也有差异，所以在实际生产中，选择菌种是重要的工作，最好选用氧化酒精速度快、不再分解醋酸、耐酸性强、产品风味好的菌种，目前用于液体制醋的菌种有中科AS1.41和沪酿1.01。

1. 中科 AS1.41 醋酸菌

对培养基要求粗放，在米曲等培养基中生长良好，能氧化酒精为醋酸，在空气中能使酒精变浑浊，表面有薄膜，有醋酸味，也能将醋酸氧化为二氧化碳及水，繁殖的适宜温度为31℃，发酵温度一般控制在36~37℃。

2. 沪酿 1.01 醋酸菌

该菌于1972年从丹东速酿醋中分离而得，在上海酿造科学研究所实验工厂及上海醋厂投产使用，现已被全国许多醋厂用于液体醋生产。其细胞0.3~0.5μm，在酵母膏葡萄糖淡酒琼脂培养基上的菌落为乳白色；以酒精静置培养表面形成不透明的薄膜。主要作用是氧化酒精为醋酸，又氧化葡萄糖而形成少量葡萄糖酸，并氧化醋酸为二氧化碳及水，繁殖最适温度为30℃，发酵最适温度32~35℃。

三、荞麦醋加工工艺

（一）荞麦醋

1. 麸曲的生产
（1）工艺流程

$$\boxed{试管菌种培养} \rightarrow \boxed{三角瓶扩大培养} \rightarrow \boxed{种曲制备} \rightarrow \boxed{厚层通风制曲}$$

（2）操作要点

①试管菌种培养。选用菌种为曲霉菌AS3.424，试管斜面培养基配方：米曲汁（或糖化液）6°Bé，琼脂2%，pH 6.0。

接种后置于31℃左右恒温箱培养3d，待菌株全部发育繁殖，孢子呈黑色后，取出放入冰箱保存。

试管原种每月移接1次，在4℃冰箱内可延长3个月移接1次，使用5~6代后必须进行分离、纯化、防止衰退。

②三角瓶扩大培养。麸皮加水80%~85%混合后，装入经干热灭菌的三角瓶，盖上棉塞，一般用250mL或300mL的三角瓶，每瓶装料厚度为1cm左右。100MPa压力蒸料30min，灭菌后趁热将瓶内曲料摇松，冷却后接入原菌，摇匀置于30℃恒温箱内，18h左右三角形瓶内曲料稍发白结饼，将结块摇碎，继续置于30℃恒温箱内培养2~3d，全部长满黑褐色孢子，即可使用。

③种曲制备（帘子曲）

配料：根据原料吸水情况和气候条件，每50kg麸皮加水110~115kg。堆积1h左右，使麸皮充分吸水、拌料后要求水分为56%~58%，有些季节为防止污染杂菌，可添加原料0.3%的冰醋酸。

蒸料与接种：常压蒸料，当面层冒汽后，开蒸40~60min。时间不宜过短，否则蒸不透；也不能过长，过长会使麸皮发黏。熟料出锅过筛疏松，冷却至40℃，接种0.15%~0.25%三角瓶曲种，拌和均匀，装入帘子，曲料选堆成丘状。装帘后的品温应在30~31℃，室温保持30℃左右。

培养：前期要用室温来维持品温，使品温缓慢上升，6h左右孢子发芽并开始蔓延菌丝，将料堆摊平。这个阶段用划帘控制品温在32~35℃；中期控制品温在28~30℃，不得超过35~37℃。可用划帘和上下调帘位来控制品温，必要时用深井水喷雾降温。在出现分生孢子柄和孢子时，应控制室温在30~34℃，品温在37~38℃。利用直接蒸汽增加室温和湿度，注意保温或提湿。此时为了品温均匀还可采取上下倒架的措施；后期麸曲外观已结孢子，曲料变色即可停止直接蒸汽保温，改用间接蒸汽保温，并略开窗通风，开始干燥，室温保持在34~35℃，品温保持在36~38℃，至曲颜色完全变黑全部开窗，干燥4h左右，整个制曲过程48~50h，合乎标准即可移出曲室放置于阴凉空气流通处保藏。

④厚层通风制曲

配料：曲料厚度是帘子曲的10~15倍，在配料中加入谷壳量为麸皮的10%~15%，加水为原料的68%~70%，春秋多，夏季少，以控制堆积曲料水分50%左右为宜。

蒸料：同前。

接种量：一般为原料的0.25%~0.35%。具体根据气候变化而定。

入池堆积：曲料入池堆积至40cm高度，品温维持在30~34℃，在4~5h内使孢子吸水膨胀，发芽。孢子发芽时，注意保温。孢子发芽后，料层厚度减为25~30cm。

通风培养：前期保持室温32~33℃，品温接近34℃时，开始第一次通风，降至30℃时停止通风。当品温再升到34℃时，进行第二次通风，降至30℃停风；中期品温最好保持在36~38℃。必要时打开门窗、大量通风或采用喷雾降低室温。此外，还可采用增加稻皮量，减少接种量或料层厚度等措施降低曲温；后期控制品温37~39℃，以利水分蒸发，出曲时水分最好在28%以下。

整个培养时间为22~24h。

2. 酒精酵母的制备

选用酒精酵母为南阳5号（1300）。按常法培养酵母。

3. 醋酸菌种的制备

选用沪酿1.01醋酸菌。培养按常法。

4. 工艺流程

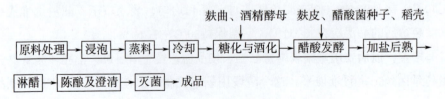

①原料配比。荞麦9.2%，麸皮18.3%，麸曲10.4%，酒母8.4%，谷糠27.4%，醋酸菌种子8.4%，水16.8%，盐0.9%。

②原料处理。先将荞麦磨碎，使大部分成3~5瓣，粉末以少为宜。荞麦磨碎后加适量水浸料12h以上，再上锅蒸1.5~2h，以热透不粘手、无生心为标准。

③冷却。原料蒸后出锅，立即加46kg水冷却，冷却至28~30℃为止。

④糖化与酒化。当荞麦饭冷却至28~30℃，翻醅降湿，控制品温不超过40℃，经5~6d发酵即可。

⑤醋酸发酵。当酒精度达6~7%vol时，加入谷糠、麸皮及醋酸菌种，控制室温25~30℃，发酵温度在39~41℃时，第3d翻醅1~2次，12~15d后，品温下降。一般品温下降至36℃时，发酵醋醅中醋酸含量最高。

⑥加盐后熟。当品温降至36℃时，加盐后熟，边加盐边翻料。而后压实，防止醋酸蒸发和氧气进入发酵。放置2d后熟。

⑦淋醋。将醋醅放入淋缸中，加水浸泡数小时，开始淋醋，每缸淋醋3次。

⑧陈酿及澄清。将原醋贮于缸内静置2月左右或更长时间，陈酿及澄清后取其上清液。

⑨灭菌。将陈酿及澄清后的醋加热至80~90℃灭菌5min，趁热包装，即得成品醋。

（二）荞麦香醋

荞麦香醋香而微甜，酸而不涩，色浓而味鲜。

1. 工艺流程

荞麦 → 粉碎 → 稀醪糖化、酒精发酵 → 固态醋酸发酵 → 下盐 → 淋醋 → 陈酿 → 灭菌 → 灌装

2. 操作要点

（1）稀醪糖化、酒精发酵　将苦荞粉与麸皮、麸曲、酒母液放入缸内一次加水（35℃）拌匀，并使品温保持30℃左右，经24~26h后搅拌1次，有少量气泡产生，以后每天最少搅拌2次，经5d后为淡黄色，用塑料薄膜密闭缸口，使其酒化3~5d，醪液开始澄清，酒精度达6~7%vol。

（2）固态醋酸发酵　酒精发酵后，拌入谷糠，再接入醋酸菌（新鲜醋醅）进入醋酸发酵阶段。此时室温保持28℃，第3天品温上升到38~39℃，进行循环淋浇使品温降至34~35℃，保持品温不超过38~39℃，每天进行1次，经10d左右测酸达到5°，倒醅1次，后继续进行醋化，淋浇保持品温到22~23d，酸度达7°，即发酵结束。

（3）下盐　醋酸发酵结束后，待品温下降至35℃左右时，拌入2%~5%的食盐，以抑制醋酸菌的生长，避免烧醅等不良现象发生，下盐后每天倒醅1次，使品温接近于室温，下盐后的第2d即可淋醋。

（4）淋醋　将醋醅放在淋缸中，加二淋醋超过醋醅10cm左右，浸泡10~16h，开始放醋，可将初流出的浑浊液返回淋醋缸，待流出液澄清后放入贮池。头淋醋放完，用清水浸泡放出二淋醋备用。淋醋后醋醅中的醋酸残留量以不超过0.1%为标准，或当醋液醋酸含量降到5g/100mL时为止。

（5）陈酿　醋液陈酿有两种方法，一是醋醅陈酿（先贮后淋）下盐，成熟醋醅在缸内砸实，食盐盖面，塑料薄膜封顶，15~20d后倒醅1次，再行封缸，一般放1个月左右即可淋醋，这种方法在夏季易发生烧醅现象而不宜采用。二是成品陈酿（先淋后贮）将新醋放入缸内，夏季30d，冬季两个月以上，但这种方法要求酸度5%以上为好，否则也会变质。

（6）灭菌、灌装　醋液陈酿后，加热灭菌灌装。灭菌温度80~90℃，并在醋液中加0.05%~0.1%的苯甲酸钠，以免生霉。

（三）荞麦陈醋

以大曲为糖化发酵剂，采用低温酒精发酵、高温醋酸发酵，有利于生成食醋的香味成分和不挥发的有机酸，陈酿时间长，品质浓稠，酸味醇厚，久贮无沉淀。

1. 工艺流程

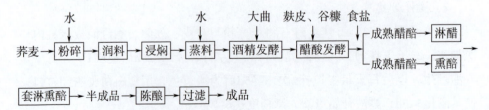

2. 操作要点

（1）原料处理

①粉碎。将荞麦粉碎。要求无完整粒存在，细粉不超过1/4。

②润料。粉碎的荞麦水润胀，加水量为1:（0.55~0.60），拌匀堆放，润料时间依据气温、水温条件，一般掌握在6~8h。

③浸焖。以生原料计加水量为1:2，水温80℃以上，浸焖至呈稀粥状。

④蒸料。常压蒸料1.5~2h，停蒸后焖料15min以上。要求蒸熟、蒸透，无夹生心，不粘手为宜。

（2）酒精发酵

①大曲。按荞麦70%和豌豆30%配料，混合后粉碎。原料加水量为1:（0.50~0.55），分批混合均匀，制成曲坯。进行曲坯入房、上霉、晾霉、起潮火、大火、后火、养曲制成成曲。

②制酒醪。将冷却至35℃以下的稀粥状料均匀拌加大曲（要预先粉碎），以生原料计加大曲量为1:（0.4~0.6），继续翻拌均匀，再以生原料计加水量为1:（0.5~0.6），制成稀态酒醪，要求品温25℃以下。

③前发酵。每天搅拌酒醪两次，发酵时间约3d，品温升至28~30℃时，前发酵完成。后发酵：密封酒醪，品温下降，在品温不高于24℃的条件下，发酵12~15d。

④成熟酒醪质量要求。呈黄色，醪汁澄清；酒精含量（以容量计）5%以上；总酸（以醋酸计）含量不超过2g/100mL。

（3）醋酸发酵

①拌醋醪。把成熟酒醪搅拌均匀，以生原料计拌入麸皮、谷糠之比为1:（0.5~0.7）:（0.8~1），继续拌匀制成醋醪。要求醪水分含量为60%~65%；酒精含量4~5mL/100g。

②接种醪。取经醋酸发酵3~4d，发酵旺盛的优良醋醪为种醪。按5%~10%的接种量接入醋醪中，一般是将种醪埋放于醋醪的中上部。

③发酵。接种后经24h，醪的上层品温可达38℃以上，开始翻醪，以后每天要翻醪一次。一般发酵3~4d，上层品温达到43℃左右，6~7d后品温逐渐下降，当醋汁总酸不再上升时，加入食盐（以生原料计）4%~5%。一般发酵总时间为8~9d。

（4）熏醅　取成熟醋醅总量的30%~50%，装入熏制容器内，用间接火加热，每天倒缸一次，品温掌握在70~80℃，熏制4~5d。

（5）淋醋　采用循环套淋法淋醋，使用二淋醋浸泡成熟醋醅，淋取一淋醋。用煮沸的一淋醋浸泡熏醅，淋取半成品醋。用水浸泡已取半成品醋的醋醅和熏醅，淋取二、三淋醋备循环套淋使用。

要求淋取的半成品醋，总酸（以醋酸计）含量不低于5.5g/100mL，浓度7°Bé以上。

（6）陈酿　半成品醋装入容器，露晒9个月以上，过滤去除杂质，取澄清后的醋按质量要求配兑，检验合格即可包装为成品。

（四）荞麦麸醋

以麸皮为主要原料，加入药曲制作酵母，以进行醋酸发酵。所产食醋为黑褐色、酸味浓厚，并有特殊的芳香。

1. 工艺流程

荞麦麸皮 → 浸泡 → 沥干 → 蒸熟（水、药曲）→ 入缸 → 发酵（水、酵母、麸皮）→ 搅拌 → 醋酸发酵 → 陈酿 →

淋醋 → 装坛 → 成品

2. 操作要点

（1）陈酿　陈酿期一般为1年，时间越长，醋的风味越好。

（2）淋醋　将醋醅盛入淋醋缸，加水或二醋汁浸泡一夜后即可淋醋，第一次淋出的头醋醋味浓厚。淋完再加水浸泡，淋出二醋，醋味较淡。

（五）荞麦熏醋

以荞麦为主料，麸皮、谷糠为辅料，采用固态发酵，熏制而成。产品色泽棕红，鲜艳清亮。具有熏香、醇厚、酸味柔和等特点。

1. 工艺流程

荞麦 → 粉碎 → 搅拌（麸皮、谷糠）→ 润水 → 蒸料 → 冷却（麸曲）→ 糖化及酒精发酵 → 醋酸发酵 →

熏醅（下盐）→ 淋醋 → 灭菌 → 包装 → 成品

2. 操作要点

（1）粉碎　选择优质的荞麦，使用粉碎机粉碎。粉碎程度要细点，最大粉碎颗粒不超过1mm，以利于吸水润涨，使淀粉均匀而充分地受热糊化，扩大与曲霉和酵母的接触面，促进糖化和酒精发酵。辅料使用麸皮、谷糠。辅料中也含有一定量淀粉，既可为酿醋补充淀粉，也对醋醅起疏松储氧作用，为升温发酵创造条件。

（2）润水　将荞麦粉、麸皮、谷糠搅拌均匀，加入5%水（按总料计算）润料30~60min，使原料充分吸水，润料时间夏天要短，冬天稍长。原料加水量必须适当。加水量是否适当与原料蒸熟程度和淀粉糊化有很大关系。如果加水量过小，淀粉未能充分膨胀和糊化，就不易被淀粉酶所利用。如果加水量过大，蒸料时部分料层极易产生压住蒸汽的现象，造成生、熟不匀，使发酵过程中醋醅发黏，影响成品质量和出品率。检查加水量是否适当的方法是，用手握成型而不滴水为宜。

（3）蒸料　将润好水的原料，用扬料机打散，装入常压蒸料锅。装锅时，应注意随着上汽轻撒，不得一次装入。蒸3h焖2h。

（4）冷却　将蒸熟原料，用扬料机打散，摊凉降温，特别要注意的是，必须在短时间内散冷到要求的品温，冬春为32~35℃，夏秋为30℃以下，撒入麸曲30%（按主料计量），加水50%（按总料计量），经过充分翻拌，过扬料机打散料团，送入酒精发酵池。

（5）糖化及酒精发酵　要使淀粉糖化及酒精发酵好，必须掌握好三个环节，即采用三低法。

①低温下曲。下曲时品温一定不得过高，避免烧曲降低糖化力。

②低温入池。冬春季节气温低，品温容易下降；夏秋季节气温高，品温不超过28℃，总之必须低温入池。

③低温发酵。酒精发酵期间，适宜温度控制在28~32℃。入池后要压实，把醅内空气赶走，用塑料布封严池口与外界完全隔绝，进行低温发酵。室温25~28℃。发酵基本结束后，抽样检测酒精含量为7%~8%。

（6）醋酸发酵　将酒醅送入醋酸发酵车间，装入发酵缸中。接入发酵第四天或第五天的醋醅（醋酸发酵最旺盛的醋醅），接种量5%左右。醋酸发酵也要注意低温。醋酸品温由低逐渐升高，再逐渐降低到成熟，最高品温不得超过

43℃，醋酸发酵周期为15d。成熟醋醅的总酸含量一般为7%~8%。翻醅倒缸要每天一次，做到定时定温，要根据品温情况进行操作，不能延长时间。翻醅倒缸要细致，应掌握以下4个要领：按时检查温度，翻醅倒缸；分层次倒醅；扫净缸壁、缸底醋醅；摊平表层，盖好缸口。

（7）下盐　醋醅成熟后下盐是关键性的工作，要做到及时准确，下盐要掌握3个条件：醋醅品温下降回凉；连续两次化验结果，醋酸基本平衡；酒精完全氧化。加盐的目的是不使成熟醋醅发生过度氧化，用盐量一般要求冬季少，夏季适当多一点，按主料计算，加食盐8%~10%为宜。

（8）熏醅　熏醅的方法，取醋醅添加调味香料0.1%（花椒、大料、小茴香），装入熏缸，要掌握稳火加温、焙熏。熏醅的温度一般掌握在75~85℃。每天翻倒一次，翻倒5d成为熏醅。成熟的熏醅紫褐色，有光泽，喷香而醇厚。熏醅时要防止由于干醅入缸和大火猛烤，造成醅料焦煳，从而影响产品质量。

（9）淋醋　把成熟熏醅装入淋池，用三套淋醋法淋醋。先把二淋醋用水泵浇入醋醅内，浸泡12h左右，在池下口取成品醋。下面收取多少，上面放入多少，分次进行。当醋取够即停止。然后三淋醋取二淋醋供下次淋成品醋用。再用水取三淋醋供下次淋二淋醋用。成品醋经热交换灭菌器灭菌。

（六）稀态发酵酿造荞麦醋

1. 工艺流程

荞麦 → 浸泡 → 洗净 → 沥干 → 煮熟 → 发花（培菌）→ 加水发酵 → 入缸 →
成熟 → 压榨 → 配制 → 灭菌 → 包装 → 成品

2. 操作要点

（1）发花（培菌）　培菌的方式有两种，装荞麦入酒坛中培菌的为"坛花"；入大缸培菌的为"缸花"。蒸熟的荞麦分装入清洁的酒坛或大缸，容量为容器的1/2，略略压紧，然后在米中央挖一个洞，任其自然发酵。

（2）加水发酵　"发花"完成后，加入温水，搅拌均匀，加盖后堆放室内或室外。等到醪液逐渐澄清，即为发酵完毕。

（3）压榨　成熟醋醪用杠杆式木榨压滤。

（七）酶法液化通风回流制荞麦醋

利用自然风和醋汁回流代替倒醅，在发酵池近底层处设假底，并开设通风洞，让空气自然进入，运用固态醋醅的疏松度使全部醋醅都能均匀发酵。该工艺利用醋汁与醋醅的温度差，调节发酵温度，保证发酵正常进行，同时运用酶法将原料液化处理，以提高原料利用率。

1. 工艺流程

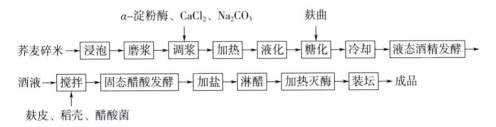

2. 操作要点

（1）磨浆与调浆　先将碎米用水浸泡，使米粒充分膨胀，磨成粉浆。用碳酸钠调pH为6.2~6.4，再加入氯化钙，后加入α-淀粉酶充分搅拌。

（2）液化与糖化　液化品温控制在85~92℃，等到粉浆全部进入液化桶后，维持10~15min。待完全液化后，缓缓升温至100℃，保持10min，以达到灭菌的目的。将液化醪送入糖化桶内，冷却至63℃左右，加入麸曲，糖化3h。糖化醪冷却至27℃后，送入酒精发酵罐内。

（3）液态酒精发酵　在糖化醪中加入适量水，调节pH为4.2~4.4，接入酒母，温度控制在33℃左右。

（4）固态醋酸发酵

①进池。将酒醪、稻壳、麸皮与醋酸菌混合均匀。温度控制在40℃以下。

②松醅。将上面和中间的醋醅尽可能地疏松均匀，使温度一致。

③回流。松醅后每逢醅温达到40℃即可回流，一般回流120~130次后醋醅即可成熟。醋酸发酵时间为20~25d。

（5）加盐　加入食盐抑制醋酸菌过氧化作用。

（八）生料制荞麦醋

生料制醋是原料不加蒸煮，经粉碎配料加水后进行糖化和发酵。与一般的固体发酵法相比，具有简化工艺、降低劳动强度、节约燃料等优点。

1. 工艺流程

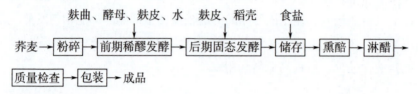

2. 操作要点

（1）前期稀醪发酵　荞麦、麸曲、麸皮和酵母，翻拌均匀，24~36h后，把发酵醪表层浮起的曲料翻倒一次。翻倒的目的是防止表层曲料杂菌生长，有利于酶起作用。

（2）后期固态发酵　加入辅料，搅拌均匀，即为醋醅。醋酸发酵控制适当的温度，可提高食醋的色、香、味和澄清程度。

（3）熏醅　用成熟醋醅所淋出的醋汁浸泡熏醅，淋出的醋即为熏醋。把熏醅放在底层，未熏的醋醅放在中上层淋，效果较好。

（九）液态深层发酵制荞麦醋

1. 工艺流程

原料粉碎 → 加水调浆 → 液化（CaCl₂、Na₂CO₃）→ 糖化（糖化酶）→ 酒精发酵（酵母菌）→ 醋酸发酵（醋酸菌（摇床发酵））→ 过滤 → 灭菌

（液化下方：α-淀粉酶；糖化下方：麸曲）

2. 操作要点

（1）原料粉碎　将原料粉碎成粉状物，过40目筛。原料粉碎细度对于生料的发酵非常重要，原料粒度过大，淀粉不易尽快吸水膨胀，而且生淀粉与水和糖化酶的接触面相对减少，从而减弱酶解能力，影响淀粉的利用率；原料粒度过小则影响淋醋，降低产量。

（2）加水调浆　将原料粉与水按1∶5的比例混合，同时加入Na_2CO_3调pH至6.2~6.4，再加入0.15% $CaCl_2$，0.2%高温α-淀粉酶，充分搅拌均匀无结块。

（3）液化、糖化　由于采用的是高温α-淀粉酶，将温度调节至85~90℃，

维持40min后测定浆液，遇碘液反应成黄棕色即表示液化完全。液化完全后升温至100℃维持10min，灭酶。冷却降温至60~65℃，加入10%的麸曲，0.2%的糖化酶，保温4h进行糖化。结束后立即升温至100℃，维持10min。

（4）酒精发酵　将安琪酵母活化，取15倍干酵母量的35~38℃蒸馏水，将干酵母搅拌并溶解于其中，复水活化20min。接入10%的酵母液。有氧扩培4h后，无氧条件下培养50~60h。

（5）醋酸发酵　将醋酸菌活化，取酒精度4%~5%的酒醪，接入醋酸菌于30℃通风培养，待种子液总酸度达1.5%~2.0%，即可接种使用。醋酸发酵过程中，醋酸菌经过有氧发酵将酒精转化为醋酸。将锥形瓶置于摇床中，转速为120r/min，温度30℃。

（6）灭菌　醋酸发酵结束，可根据测得糖含量进行调整加入适量的食糖，混合均匀后过滤。醋液过滤后进行80℃灭菌，10min。

（十）生料发酵与老陈醋工艺相结合制萌发荞麦醋

1. 工艺流程

2. 操作要点

（1）发芽萌动　荞麦经清杂后，称取一定量的荞麦水洗后，用40℃温水浸泡，静置2h后，转入发芽转桶，控制温度[（20±1）℃]进行萌发至60h。其间每隔12h，清水冲洗1次。选取萌发60h时的荞麦样品，用谷氨酸钾浓度为1.3%、乙醇浓度为0.9%处理，处理时间61.3h，再经40℃热风干燥，即得活化发芽萌动荞麦。

（2）粉碎　生料的组织结构比较坚硬，因此在生料制醋过程中，借助将原料粉碎成粉状，在机械力作用下，将淀粉链蛋白网纤维结构等组织破坏后，给微生物的作用提供条件。原料粉碎细度对于生料的发酵非常重要，粉碎细度以30目100%通过、40目70%通过、60目50%通过为最好。如果粒度过大，淀粉不易尽快吸水膨胀，而且生淀粉与水和糖化酶的接触面相对减少，会减弱酶解能力，影响淀粉的利用率，而原料粒度过小，则影响淋醋，降低产量。

（3）酒精发酵　原料配比以粉碎后的发芽萌动荞麦粉为基准，加入20%的甜荞麸皮、20%的小麦麸皮、60%的大曲、0.3%纤维素分解酶、0.5%的糖化酶、0.2%的酵母以及300%的水，充分搅拌后进行边糖化边发酵，将室温控制在25~30℃，料温为28~33℃，每日早晚各翻拌一次，前3d为敞口发酵，然后密闭进行厌氧发酵，发酵18d。发酵结束后，要求酒精度达到10%~15%，酸度在0.5~1.0g/100mL。

（4）醋酸发酵　将发酵好的酒精缸打开，要进行充分搅拌，使上下均匀，然后按酒精液重量加30%的小麦麸皮、10%的甜荞麸皮、30%的谷糠。先把小麦麸皮、甜荞麸皮、谷糠翻拌均匀，再把酒精液倒在其上翻拌均匀，不准有疙瘩（质量要求：水分60%~65%，酒精度5.0%~6.0%）。然后移入醋酸发酵缸内，把缸中的原料收成锅底形状后接火醅。每天早晚进行翻醅，翻醅时要注意调醅。醋酸发酵的醋醅在3d争取90%左右达到38~45℃。当醋酸发酵8~10d时，品温自然下降，说明酒精氧化成醋酸已基本完成。

（5）养醅　将成熟的醋醅移到大缸内装满踩实，并用塑料布封严，密封陈酿30~45d。不进行熏醅工艺。

（6）淋醋　淋醋做到浸到、闷到、细淋、淋净、稍要分清（头稍、二稍、三稍）这几个要素。将淋好的醋放入陈酿缸内，在太阳玻璃房内进行日晒，使其半成品醋的挥发酸挥发、水分蒸发，酸度达到6°以上，进行调配、灭菌、检测、包装、成品。

（十一）多菌种混合发酵制备萌发荞麦醋

以萌发荞麦为原料发酵制醋，可提高醋中功能活性物质含量。液态纯菌种发酵具有风味单一，口感差等缺点。采用乳酸菌协同醋酸菌发酵的方法，不仅有效改善风味物质，而且进一步增加功能活性物质含量。

1. 工艺流程

α-淀粉酶　糖化酶　活化酵母
萌发荞麦粉 → 糊化 → 液化 → 糖化 → 酒精发酵 → 醋酸发酵 → 过滤 → 澄清 →
杀菌 → 成品

2. 操作要点

（1）糊化　称取一定质量萌发荞麦粉，按1∶5比例加入水，充分震荡混匀，置于90℃水浴锅中不间断振动，糊化30min。

（2）液化　糊化液中按1%加入α-淀粉酶，60℃、30min条件下进行液化。

（3）糖化　在一定温度条件下，液化液中按一定添加量加入β-淀粉酶，糖化一定时间，糖化结束后于100℃水浴10min灭酶。

（4）活化酵母　取10倍干酵母量的35℃糖水（2%）复水活化30min。

（5）酒精发酵　将活化好的酵母按接菌量为2.5%接入糖化液中，在28℃恒温恒湿条件下静置发酵4d。

（十二）固稀混合发酵制苦荞醋

1. 工艺流程

（1）麸皮法

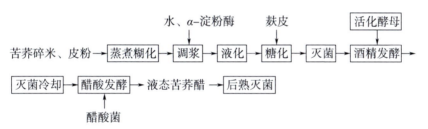

（2）酶法

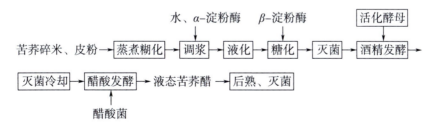

2. 操作要点

（1）苦荞碎米、皮粉　将苦荞干蒸，然后烘干其水分，分级筛选，将荞麦脱壳，再将脱壳后的荞米分级，将分级得到的荞米焙炒，焙炒温度125℃，摊凉冷却。

（2）蒸煮糊化　苦荞碎米、皮粉与水的比例为1∶10搅拌均匀，100℃蒸煮糊化30min。

（3）液化 糊化液中按0.1%加入液化酶（耐高温α-淀粉酶），90~95℃液化15min。

（4）糖化 麸皮法液化液中加入0.4%的麸皮，60℃糖化5h。

酶法糖化：液化液中按0.05%加入糖化酶（β-淀粉酶），60℃糖化5h。

（5）活化酵母 取10倍于干酵母量的36~40℃的2%糖水中，将干酵母搅拌并溶解其中，复水活化15~20min，在温度小于34℃时活化1~2h即可使用。

（6）酒精发酵 将灭菌后的糖化液接入2.6%酵母，30℃发酵3~4d，至可溶性固形物含量不再降低时终止发酵，灭菌。

（7）醋酸发酵 将酒精发酵后的发酵液接入0.5%的醋酸菌，至总酸不再上升时终止发酵，待灭菌后，测定总酸。

（8）后熟灭菌 醋酸发酵完毕后，按1%加入食盐，后熟4~5d。滤纸过滤去除杂质，70℃灭菌30min。

第三节 荞麦醋的功能活性

一、降血糖活性

有研究表明苦荞醋具有β-葡萄糖苷酶抑制活性。荞麦中含有的黄酮类物质、膳食纤维和铬元素对血糖的降低都起到了一定的作用。荞麦中的黄酮类物质，尤其是芦丁能够影响胰岛素的分泌，而铬元素可促进人体内胰岛素发挥作用；膳食纤维通过调节肠道的蠕动，增加人体对糖类物质的吸收，控制血糖的升高速度，使血糖的含量保持在稳定的水平，有效地预防了糖尿病的发生。

二、抗氧化活性

抗氧化活性分析表明，苦荞醋对DPPH自由基具有较强的清除作用，其中起主要作用的不是醋酸，而是苦荞醋中的其他成分；荞麦醋提取物对DPPH自由基、羟自由基（·OH）和超氧自由基（·O$_2^-$）均有较好的清除作用。

苦荞醋各阶段产物对DPPH自由基清除作用的大小顺序依次为苦荞醋>苦荞糖化液>苦荞液化液>叔丁基对苯二酚>苦荞酒醪。苦荞醋DPPH自由基清除率最高可达88.23%，总抗氧化值为54.54mol/L（$FeSO_4$），具有良好的抗氧化活性。

三、降血脂活性

实验显示，通过含有荞麦醋饲料饲养的小鼠其胆固醇、甘油三酯和动脉硬化指数低于普通饲料饲养的小鼠，表明荞麦醋具有一定的降血脂、降低患动脉硬化风险的功能。

四、抑菌活性

荞麦醋对金黄色葡萄球菌、大肠杆菌有较强的抑制作用。

五、抗栓、溶栓活性

发芽萌动后的苦荞醋可显著延长血浆凝血酶原时间，增加纤溶圈面积，具有明显的抗栓、溶栓作用。

六、减脂活性

实验显示，通过含有荞麦醋饲料饲养的小鼠其生殖器周围脂肪质量和脂肪系数都明显低于普通饲料饲养的小鼠，说明荞麦醋对脂肪组织的生成有显著的抑制作用。

第四节　荞麦醋产品

一、富硒黑荞麦醋

以传统食醋酿造技术研制的富硒黑荞麦醋的氨基酸总量为7340~7408mg/L，为一般醋的2~3倍，并含有锌、铜、铁、钙、磷等矿物质营养元素，尤其富含对人体健康有益且具有防癌抗癌功能的硒元素和锶元素。

二、荞麦壳聚糖保健醋

荞麦壳聚糖保健醋是以荞麦、黑麦和黑米为原料，强化添加功能物质壳聚糖，经现代生物工程技术和传统发酵工艺结合所酿造的一种新功能保健型食醋。

三、苦荞百合保健醋

以苦荞粉为主要原料，辅料为百合粉，液态发酵法酿造苦荞百合保健醋。苦荞、百合粉加水充分糊化后加入3.0% α-淀粉酶于95℃液化22min，加入糖化酶糖化，调整料液糖度。接入活性干酵母0.10%，32℃酒精发酵6d；调整酒醪酒精含量至5%，接入13%醋酸菌，32℃发酵5d。

配方为原醋9%、蜂蜜5%、蛋白糖0.3%、柠檬酸0.13%。所得苦荞百合保健醋的酸味柔和，具有醋香味和苦荞特有香气。

四、苦荞红曲枸杞养生醋

以苦荞为原料，红曲、特制吊挂药曲为发酵剂，经传统风味老醋酿造工艺酿制成苦荞红曲醋，再将酿制成的苦荞红曲醋与枸杞醋复配制得成品。

苦荞红曲枸杞养生醋不仅营养丰富、色泽红褐，口味酸而鲜甜，具有独特的风味，长期饮用有降血压、降血脂等保健功能，是有益身体健康的养生佳品。

五、苦荞紫薯醋

以苦荞和紫薯为主要原料，经粉碎、调浆、糖化、酒精发酵、醋酸发酵分别得到紫薯和苦荞醋。以两种醋和蔗糖及果葡糖浆为原料调配苦荞紫薯醋。

配方：苦荞醋4mL/100mL、紫薯醋4mL/100mL、蔗糖-糖浆8g/100mL，加水定容至100mL。此方法制得的苦荞紫薯醋具有苦荞和紫薯特有的醋香味，色泽红亮、酸甜可口。

六、苦荞黑米保健醋

以苦荞和黑米为主料，麸皮、高粱壳、稻壳、麸曲、食盐、蜂蜜、蛋清、白糖为辅料，经酿造和淋制工艺制得。此保健醋酸甜可口，微量元素含量高，维生素种类丰富。

配方：苦荞17.6%、黑米11.7%、麸皮29.4%、高粱壳14.7%、稻壳17.6%、麸曲4.4%、食盐4.4%。

七、苦荞银杏醋

采用苦荞和银杏等生产食用醋，依然使用山西老陈醋工艺精华的固态发酵法，能保留苦荞和银杏果、银杏叶中的有效物质活性成分。制作过程中加入红曲，能够使银杏果和苦荞中的生物类黄酮化合物含量增多。

配方：苦荞8.2%、银杏果9.9%、莜麦7.4%、黑米7.4%、豌豆4.1%、大麦4.5%、麸皮6.6%、稻壳37.6%、红曲1.0%、大曲4.1%、块曲6.2%、甘草2.0%、干酵母0.1%、辛香料0.3%。

八、苦荞蜂蜜醋

蜂蜜苦荞醋成品色泽棕红、味香浓郁、独具风味，醋内含有氨基酸及常量元素和微量元素以及多种维生素。长期食用，有改善血液循环、防止动脉硬化、美容、清热解暑、开胃健脾的功效。

蜂蜜苦荞醋是以苦荞为主料制成苦荞醋，再添加蜂蜜共同发酵制成的食醋产品。生产方法是将苦荞醋和蜂蜜按5：1的质量比例混合，得到混合料，接着将上述混合料加热进行消毒灭菌；冷却后加入酵母，进行接种；之后将混合料送入发酵池发酵，将糖发酵为酒精；此后将含酒精的混合料搅拌，使其中酒精转化为醋酸，得到醋醅；最后将醋醅陈酿15d，经检验合格，即为蜂蜜苦荞醋成品。

九、荞麦沙棘醋

以荞麦、沙棘副产品为原料，采用酶法制醋。

荞麦粉用糖化酶处理的最佳条件为酶加入量20U/g，酶解温度50℃，酶解时间90min。沙棘副产品用纤维素酶、果胶酶处理的最佳条件为酶加入量0.3%，处理时间120min，处理温度50℃，pH6.0。荞麦粉和沙棘副产品中含有丰富的活性物质，所制得的沙棘荞麦醋有较高的黄酮含量，具有较好的保健功能。

现代生物技术酶法酿造沙棘荞麦醋，作用条件温和，保护了沙棘、荞麦中的营养物质活性，且使荞麦与沙棘原料中的主要活性成分总黄酮的利用率提高了，增强了沙棘荞麦醋的保健功能。

十、苦荞香菇醋

苦荞香菇醋利用苦荞和香菇生产，产品风味独特，口感新鲜，含有多种氨基酸、酶类、维生素、有机酸等营养成分，且具有消除疲劳、预防感冒、动脉硬化、高血压和高血脂的保健功效。

十一、苦荞红糖醋

苦荞红糖醋以苦荞和红糖溶液为主要原料，酿制中以红糖所含的糖质为碳源，各有机物和无机物为氮源，在培养基上接种酵母后，糖质不断地转化为酒精，又通过醋酸菌的作用被转化为醋酸。

苦荞红糖醋中有许多活性物质，其可对高血糖、高血压起到一定的降低效果。糖的摄入量过大对身体健康不利，但苦荞红糖醋在发酵过程中，糖分转化为了醋酸或有机酸，其功能成分没有被破坏。

十二、荞麦山楂醋

以荞麦、山楂为原料，添加食盐、α-淀粉酶制剂、麸皮、稻壳、果胶酶、酵母、醋酸菌等辅料制备荞麦山楂醋。

荞麦山楂醋的色泽一般呈浅红或浅黄色，可以添加焦糖使醋液颜色加重。在醋中加入1%~2%的食盐可以提高醋的风味和防腐能力。在酿醋过程中添加山楂可使醋的风味得到改善，除具有酸味外还具有浓烈的果香。

十三、荞麦大枣熏醋

以大枣、荞麦为原料，添加麸皮和发酵剂，加入丁香、大茴香、陈皮、花椒、芝麻、桂皮等调配制备荞麦大枣熏醋。

荞麦大枣熏醋色泽呈红褐色或琥珀色，具有枣香、醋香，由于加入大枣使得醋的酸味更加柔和，微甜有枣味，回味绵长。可以起到补气养血、保护肝脾、缓解血糖升高等保健作用。

十四、荞麦木瓜醋

以荞麦、木瓜为原料，加入蔗糖、食盐等配料，经酵母发酵制得。

荞麦木瓜醋为棕红色，具有木瓜的果香和荞麦醋的特殊香味，无异味，酸味柔和。以木瓜制醋，使醋中含有大量的维生素、蛋白酶等营养成分，适宜于祛除暑湿、和胃消食，能治疗消化不良、食积不化。

十五、吴起荞麦香醋

吴起荞麦香醋是采用荞麦、玉米、谷糠、麸皮、百里香和水，经粉碎、润水、蒸料、加曲糖化、酒精发酵、醋酸发酵、陈醋、淋醋、杀菌封装等工序生产的固态发酵食醋。色泽为琥珀色或棕褐色；香气具有固态发酵食醋特有的香气，醋香浓郁；酸爽可口，回味绵长，无异味；无悬浮物、无杂质。

麸曲是以麸皮为主要原料，按传统工艺制成，曲基黄褐色，布满棕褐色孢子，检测孢子数大于1亿单位。荞麦、玉米各50%：麸皮：谷糠=1：2：2。

工艺特点：吴起荞麦香醋以荞麦、玉米为主要原料，以麸曲为糖化发酵剂，边糖化边酒精发酵，边酒精发酵边醋酸发酵，然后，陈醋、淋醋、入缸、沉淀、包装，其理化指标如表2-3所示。

表2-3　理化指标

项目	指标
总酸（以乙酸计）/（g/100mL）≥	4
不挥发酸（以乳酸计）/（g/100mL）≥	0.78
可溶性无盐固形物/（g/100mL）≥	2.88

参考文献

[1] 陈洁.苦荞醋的工艺优化及其降血糖活性研究[D]. 北京：北京农学院, 2014.

[2] 陈鸥. 萌动苦荞醋活性成分的测定和抗氧化功能研究 [D]. 北京：北京农学院, 2013.

[3] 张素云. 固稀混合发酵荞麦醋新工艺及其品质研究[D].贵阳：贵州大学, 2015.

[4] 董胜利. 酿造调味品生产技术[M]. 北京：化学工业出版社, 2003.

[5] 杜连启, 吴燕涛. 酱油食醋生产新技术[M]. 北京：化学工业出版社, 2010.

[6] 严泽湘. 调味品加工大全[M]. 北京：化学工业出版社, 2015.

[7] 邱卓. 荞麦醋功能性研究[D]. 咸阳：西北农林科技大学, 2013.

[8] 李云龙, 何永吉, 胡红娟, 等. 萌动苦荞醋抗氧化活性及抗栓、溶栓作用研究[J]. 中国食品学报, 2018, 18（12）：52-57.

[9] 宫凤秋, 张莉, 李志西, 等. 苦荞醋对二苯代苦味酰基（DPPH·）自由基的清除作用研究[J]. 中国酿造, 2006,（12）：22-24.

[10] 卢美欢, 马英辉, 王银存, 等. 荞麦醋的抑菌性能及其提取物的抗氧化性研究[J]. 食品工业科技, 2012（9）：82-84.

[11] 强家骐, 强海峰, 田莉, 等.一种苦荞红曲枸杞养生醋及其生产工艺[P].中国专利：CN110240995A, 2019-09-17.

[12] 刘明宇, 陈李敏, 王思丹, 等. 紫薯苦荞复合醋饮料的研制及其风味物质分析[J]. 食品与机械, 2016, 32（11）：178-182.

[13] 张作喜.一种黑米苦荞保健醋及其制备方法：CN106591083A [P]. 2017-04-26.

[14] 刘二保.一种银杏苦荞醋：CN103981077A [P]. 2014-08-13.

[15] 卯昌书, 段锡泽.蜂蜜苦荞醋及其生产方法：CN104031818A [P].2014-09-10.

第三章

荞麦酱油

第一节　概述

一、酱油的概述

GB 2717—2018《食品安全国家标准　酱油》中对酱油的定义，以大豆或脱脂大豆、小麦或小麦粉或麦麸为主要原料，经微生物发酵制成的具有特殊色、香、味的液体调味品。酱油及酱类酿造调味品生产最早起源于我国。根据历史学家考证，我国早在周朝时就有了酱制品。《周礼》中有"膳夫掌王之馈，酱用百有二十瓮"的记载，《论语》中也有"不得其酱不食"的记载。西汉时期是最早有文字记录大豆制酱的，史游的《急就篇》中有"酱"的词句。北魏时期，贾思勰的《齐民要术》中有许多"作酱法"的专章。酱油在历史上名称很多，有清酱、豆酱、酱汁、玻油、淋油、晒油等。最早使用"酱油"这一名称是在宋代至明代万历年间，明代的李时珍在《本草纲目》中记载了我国古代酱油的制法"豆油法"。我们勤劳智慧的祖先，不仅发明创造了酿造技术，并将它留给了后人，而且随着佛教的传播，于公元8世纪鉴真和尚将其传入日本，后制酱技术逐渐被传播到东南亚和世界各地。近几年来酱油品种不断增加，质量逐步提高，有些已远销东南亚和欧洲二十几个国家。

随着科学技术的发展，酿造行业机械化程度有了很大的提高，蒸料普遍采用了旋转式蒸料罐、连续蒸料机。机械通风制曲取代了木盒制曲，翻曲机取代了人工翻曲，抓酱机取代了人工倒醅出渣，拌曲机、扬散机取代了过去的铁锨操作。酿造工艺正在向全部机械化、自动化迈进。从工艺改革来看，稀发酵法、固稀发酵法在原来的基础上也有了发展，缩短了生产周期，提高了原料利用率，低盐固态发酵法已普遍得到推广，低盐固态淋浇发酵法也已形成一种独特工艺。从工艺到机械改革以及管理的加强，使原料蛋白质利用率普遍提高，较好的水平已突破80%，一般水平为70%~75%。劳动生产率最高的每人每日生产标准酱油50t，中等水平20t。

二、酱油的分类

（一）按生产工艺的不同分类

按酱油生产工艺的不同，酱油可分为高盐稀态发酵酱油和低盐固态发酵酱油两个大类，产品理化指标如表3-1所示。

1. 高盐稀态发酵酱油（含固稀发酵酱油）

（1）高盐稀态发酵酱油主要是以大豆或脱脂大豆、小麦或小麦粉为原料，经蒸煮、曲霉菌制曲后与盐水混合成稀醪，再经发酵制成的酱油。

作为传统发酵工艺，此工艺发酵过程中会产生大量的醇、酯及酸等呈味物质，具有浓厚的酱香和酯香味。优点是色泽浅，滋味鲜美，口感醇厚。缺点是发酵周期长、劳动强度大、设备多、市场份额少、价格高、条件难控制，所以多数企业只生产部分晒露酱油，用于配兑。

（2）固稀发酵酱油的原料和工序同高盐稀醪发酵酱油一样，但是以高盐度、小水量固态制醋醅方式发酵并稀释成醪，经发酵制成酱油。此工艺采用不同温度、盐度，将蛋白质及淀粉质原料分开制曲，前期采用低盐固态发酵，后期补加盐水以高盐稀醪发酵。优点是发酵时间短，颜色深，味醇香浓。缺点是工艺复杂，操作繁琐，劳动强度大。

2. 低盐固态发酵酱油

低盐固态发酵酱油是以脱脂大豆及麦麸为原料，经蒸煮、曲霉菌制曲后与盐水混合成固态酱醪，再经发酵制成的酱油。低盐固态发酵一直受到酿造行业人士的欢迎，全国90%的企业都采用此发酵工艺。低盐固态酱油相对传统酿造酱油具有投资小、周期短、劳动强度小、流程简单、酱香味浓郁等优点。但是由于酱醪中含水量低，氨基酸的分解难，发酵条件有差异，其色泽较深，酯香味不足，在风味、香气上不及传统方法酿造的酱油。

表3-1　理化指标

项目	指标							
	高盐稀态发酵酱油（含固稀发酵酱油）				低盐固态发酵酱油			
	特级	一级	二级	三级	特级	一级	二级	三级
可溶性无盐固形物 g/100mL　≥	15	13	10	8	20	18	15	10
全氮（以氮计） g/100mL　≥	1.5	1.3	1	0.7	1.6	1.4	1.2	0.8
氨基酸态氮（以氮计） g/100mL　≥	0.8	0.7	0.55	0.4	0.8	0.7	0.6	0.4

（二）按酱油产品的特性及用途划分

1. 本色酱油

浅色、淡色酱油，生抽类酱油。这类酱油的特点是：香气浓郁、鲜咸适口，色淡，色泽是发酵过程中自然生成的红褐色，不添加焦糖色。特别是高盐稀态发酵酱油，由于发酵温度低，周期长，色泽更淡，醇香突出，风味好。这类酱油主要用于烹调、炒菜、做汤、拌饭、凉拌、蘸食等。用途广泛，是烹调、佐餐兼用型的酱油。

2. 浓色酱油

深色、红烧酱油、老抽类酱油。这类酱油添加了较多的焦糖色及食品胶，色深色浓是其突出的特点，主要适用于烹调色深的菜肴，如红烧类菜肴、烧烤类菜肴等，不适于凉拌、蘸食、佐餐食用。

3. 花色酱油

添加了各种风味调料的酿造酱油，如海带酱油、海鲜酱油、香菇酱油、草菇老抽、鲜虾生抽等，品种很多。适用于烹调及佐餐。

（三）按酱油产品的状态划分

1. 液态酱油

液态酱油是呈液体状态的酱油。

2. 半固态酱油

酱油膏，以酿造酱油为原料浓缩而成的制品。

3. 固态酱油

酱油粉、酱油晶，以酿造酱油为原料的干燥易溶制品。

三、我国酱油生产采用的工艺类别

（一）高盐稀态发酵法酿造工艺

①以大豆、面粉为原料的高盐稀态发酵工艺（天然发酵，中国传统的发酵工艺）。

②以脱脂大豆、小麦为原料的高盐稀态发酵工艺（人工保温发酵、温酿稀发酵）。

③以脱脂大豆，或大豆、小麦为原料的固稀发酵法。

（二）低盐固态发酵法酿造工艺

①低盐固态发酵工艺（移池浸出工艺）。以脱脂大豆、麸皮为原料。

②低盐固态发酵工艺（原池浸出工艺）。以脱脂大豆、麸皮为原料。

③低盐固态发酵工艺（浇淋工艺或循环浇淋工艺）。以脱脂大豆、麸皮为原料。

（三）固态无盐发酵法

以脱脂大豆、麸皮为原料，固态无盐发酵工艺。

（四）其他工艺

高盐固态发酵工艺（四川）：以大豆、面粉为原料，一般采用天然露晒方法，属传统工艺。

低盐稀态发酵工艺、低盐固稀发酵工艺，这两种工艺均是为了改善、提高低盐固态发酵工艺的酱油质量而实施的新工艺。在稀态发酵阶段，降温、添加酵母有助于产品风味的提高。

四、苦荞酱油的研究现状

采用低盐固态发酵工艺研究得到苦荞酱油成曲制备的最佳条件为：苦荞粉替代麸皮比例60%，加水量80%，蒸料时间30min，制曲时间39h。最佳液化条件为α-淀粉酶添加量50U/g，液化温度90℃，液化时间10min，料液比1∶9、pH 6.5～7.0。最佳糖化工艺条件为糖化酶添加量250U/g，糖化温度60℃，糖化时间5h，pH 4。15°Bé盐水浓度42℃→48℃→37℃变温发酵时获得的酱油头油品质最好。

第二节　荞麦酱油的生产工艺

一、原料的选择

酱油生产的原料历来都是以大豆和小麦为主。随着科学技术的不断发展，人们发现大豆里的脂肪对酿造酱油作用不大。为了合理利用资源，目前我国大部分酿造厂已普遍采用大豆脱脂后的豆粕或豆饼作为主要的蛋白质原料，以麸皮、小麦或面粉等食用粮作为淀粉质原料，再加上食盐和水生产酱油。采用不同的原料会使产品具有不同的风味。

原料选择的依据：蛋白质含量较高，碳水化合物适量，有利于制曲和发酵，酿制出的酱油质量好。

二、制曲工艺

制曲是酿造酱油的主要工艺。制曲过程实质是创造米曲霉生长适宜的条件，保证优良曲霉菌等有益微生物得以充分繁殖发育（同时尽可能减少有害微生物的繁殖），分泌酿造酱油需要的各种酶类，这些酶类为发酵过程提供原料分解、转化合成的物质基础。所以，曲子质量直接影响到原料利用率、酱油质量以及淋油效果。要制好曲，就要创造适当的环境条件，适应米曲霉的生理特性和生长规律。在制曲过程中，掌握好温湿度是关键。

　　长期以来，制曲采用帘子、竹匾、木盘等简单设备，操作繁重，成曲质量不稳定，劳动效率低。近几年来，随着科学技术的发展，经过酿造科技人员和广大职工的共同努力，成功采用了厚层通风制曲工艺，再加上菌种的选育，使制曲时间由原来的2~3d，缩短为24~28h。

（一）种曲的制备

　　种曲即酱油酿造制曲时所用的菌种，是经纯种培养而得的含有大量孢子的曲种，不仅要求孢子多，发芽快，发芽率高，而且必须纯度高。种曲的优势直接影响到酱油曲的质量、酱醪杂菌含量、发酵速度、蛋白质和淀粉水解程度等。因此，种曲制造必须十分严格。种曲制备主要包括试管斜面菌种的制备（一级菌种）、三角瓶纯种扩大培养（二级菌种）和种曲制备。

（二）厚层通风制曲工艺

　　厚层通风制曲就是将接种后的曲料置于曲池内，曲料厚度一般为25~30cm。利用通风机供给空气，调节温湿度，促使米曲霉在较厚的曲料上生长繁殖和积累代谢产物，完成制曲过程。现除使用通用的简易曲池外，尚有链箱式机械通风制曲机及旋转圆盘式自动制曲机进行厚层通风制曲。

1. 工艺流程

$$熟料 \rightarrow 冷却 \rightarrow \overset{种曲}{接种} \rightarrow 入池培养 \rightarrow 第一次翻曲 \rightarrow 第二次翻曲 \rightarrow 铲曲 \rightarrow 成曲$$

2. 操作要点

　　（1）冷却、接种　原料经蒸熟出锅后应迅速冷却，并把结块的部分打碎，使用带有减压冷却设备的旋转式蒸煮罐，可在罐内利用水力喷射器直接抽冷，出罐后可用绞龙或扬散机扬开热料（同时也起到打碎结块的作用），使料冷却到40℃左右接种，接种量为0.3%~0.5%，种曲要先用少量拌匀后再掺入熟料中以增加其均匀性。

　　操作完毕应及时清洗各种设备，搞好环境设备卫生，以免积料受杂菌的污染影响下次制曲的质量。

（2）入池培养

①曲料入池。冷却接种后的曲料即可入池培养，铺料入池时应尽量保持料层松、匀平，防止脚踩或压实。否则通风不一致，湿度和温度也难一致，影响制曲质量。

②温度管理。接种后，料层温度过高或上下品温不一致时，应及时开动鼓风机，调节温度在32℃左右，促使米曲霉孢子发芽。在曲料上、中、下层及面层各插温度计一支，静置培养6~8h，此时料层开始升温到35~37℃，应立即开动风机通风降温，以后用开机、停机的方法来维持曲料温度在35℃左右，不低于30℃，通入的风可用循环风或部分地掺入循环系统外的自由空气。

曲料入池经12h培养以后，品温上升较快，由于菌丝密集繁殖，曲料结块，通风阻力加大，会出现底层品温偏低、表层品温稍高、温差逐渐加大的现象，而且表层品温有越过35℃的趋势，此时应进行第一次翻曲，使曲料疏松，减少通风阻力，保持正常品温在34~35℃。继续培养4~6h后，由于菌丝繁殖旺盛，又形成结块，此时应及时进行第二次翻曲，翻完曲应连续鼓风，品温以维持30~32℃为宜，如果曲料出现裂纹收缩，再次产生裂缝，风从裂缝漏掉，尚可采用压曲或铲曲的方法使裂缝消除。培养20h左右，米曲霉开始产生孢子，蛋白酶活力大幅度升高。培养24~28h即可出曲。翻曲时间及翻曲质量是通风制曲的重要环节，必须认真掌握，不论使用翻曲机还是人工翻曲都要做到翻曲透彻，池底曲料要全部翻动，以免影响米曲霉的生长。

（3）翻曲的目的

①疏松曲料便于降温。温度过高，产酶能力下降，使杂菌易繁殖。

②调节品温。由于曲料经长时间静止通风培养，上、下、内、外各部位的温度、水分都有差异，米曲霉生长状况不一，成曲质量有优有劣。经过翻曲后，各部位品温和水分均得到调节，成曲质量趋于一致。

③供给米曲霉旺盛繁殖所需的氧气。米曲霉是好氧菌，它在旺盛繁殖时因呼吸作用加强产生大量二氧化碳和热量，需要供给充足的氧气，但曲料结块、风量减小、氧气不足，会影响米曲霉的正常生命活动。翻曲后，曲料疏松，氧气得到补充，同时排出二氧化碳，能促使米曲霉旺盛繁殖。

（4）制曲时间长短的确定 制曲时间长短应根据所应用的菌种、制曲工艺以及发酵工艺而定。日本的米曲霉或酱油曲霉菌株采用低温长时间发酵工艺，其制曲时间一般为40~46h。据报道，低温长时间制曲对于谷氨酰胺酶、肽酶的形成都有好处，而这些酶活力的高低又对酱油质量有直接影响。

我国多数厂应用沪酿3.042号菌种，采用低盐固态发酵工艺，制曲时间为24~30h。争取在蛋白酶活力接近高峰时出曲，时间过短，酶活力不足；时间过长，酶活力反而下降，也影响设备利用率和动力消耗，而且还要多消耗淀粉等原料，浪费可贵的营养物质，因此，制曲时间不宜过长。

三、低盐固态发酵工艺

在成曲中拌入12~13°Bé的盐水制成酱醅，控制酱醅食盐质量分数在10%以下，酱醅含水量在50%左右，发酵温度最高不超过50℃。荞麦酱油色泽较深，后味浓厚，滋味鲜美，香气比无盐固态发酵有显著提高；原料蛋白质利用率和氨基酸生成率均较高，出品率较稳定，生产成本较低。但酱油香气比晒露发酵、稀醪发酵和分酿固稀发酵略低；发酵周期较固态无盐发酵周期长。

（一）工艺流程

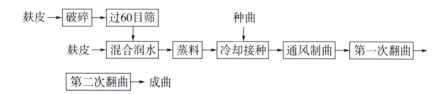

（二）操作要点

1. 混合润水
干料和蒸馏水按1：1的比例混合。

2. 蒸料
以121℃，0.1MPa在高压灭菌锅中蒸料20min。

3. 冷却接种

在超净工作台上将曲料摊于直径13cm培养皿中降温，于40℃下接入0.3%曲精，盖上湿润的纱布。

4. 通风制曲

放入恒温恒湿箱中培养，并定时翻曲两次。控温：制曲前期品温34℃，中期品温32℃，后期品温30℃。控湿：前期相对湿度99%，后期相对湿度95%。

5. 成曲

苦荞粉替代麸皮比例为60%，加水量80%，蒸料时间30min，制曲时间39h。在此条件下得到的成曲酶活力最高，其中性蛋白酶活力达1150.81U/g，糖化酶活达1550.25U/g。

6. 酿造苦荞酱油用糖浆的液化和糖化工艺流程

（1）工艺流程

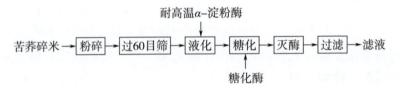

（2）操作要点

①液化：在适量苦荞粉中加入一定量的耐高温α-淀粉酶，在一定温度下搅拌液化一定时间。

②糖化：在冷却的液化液中加入一定量糖化酶，在一定温度下糖化一定时间。

（三）低盐固态倒池发酵移池浸出工艺

此方法是在发酵过程中移池（倒池）1次或2次后继续发酵，将发酵成熟酱醅移入浸出池（淋油池）淋油。

1. 工艺流程

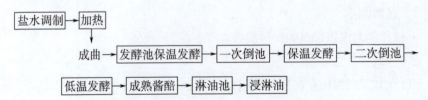

2. 操作要点

（1）盐水调制

①盐水的浓度。一般要求在11~13°Bé（氯化物含量在11%~13%）。

食盐溶解后，测定其浓度，并根据当时的温度调整到规定的浓度。一般是将5kg盐加到100kg水中，得到的盐水浓度为1°Bé。通常以20℃为标准，如不是20℃，按如下方法修正。

设：B为修正值，A为实测值，t为实际盐水的温度。

若$t>20℃$，则$B=A+0.05（t-20）$；若$t<20℃$，则$B=A-0.05（20-t）$。

②盐水浓度高低对发酵的影响。盐水浓度过低，杂菌易于大量繁殖，导致酱醅pH迅速下降，从而抑制了中性、碱性蛋白酶的作用，影响发酵的正常进行；盐水浓度过高，会抑制酶的作用，延长发酵时间。

③盐水质量要求。清澈无浊，不含杂物、无异味，pH在7左右。

（2）拌曲盐水温度　一般夏季盐水温度在45~50℃，冬季在50~55℃。

（3）拌曲盐水量及操作要点

①拌曲盐水量。一般拌盐水量为制曲原料总质量的65%左右，加上成曲含水量相当于原料的95%左右，此时酱醅水分在50%~53%。

②拌曲操作要点

成曲粉碎：将成曲粉碎成2mm左右的颗粒。

绞龙输送：在输送过程中打开盐水阀门使成曲与盐水充分拌匀，开始时盐水略少些，然后慢慢增加。

剩余的盐水处理：将剩余的盐水洒入酱醅表面。

（4）防止表面氧化

①酱醅表面氧化产生的原因及影响。由于酱醅和空气接触及酱醅水分的大量蒸发与下渗造成酱表面氧化，导致酱油风味和全氮利用率下降。

②防止酱表面氧化的方法。加盖面盐；采用塑料薄膜封酱醅表面。

（5）发酵池保温发酵

①发酵过程中反应速度与温度关系。在一定范围内，温度下降，反应速度减小；温度上升，反应速度增加；温度过高，酶本身被破坏，反应就停止。

②制定最适发酵温度的依据。酶作用的最适温度是制定最适酱油发酵温度的依据。

③不同发酵时期温度的控制。发酵前期，目的是使原料中蛋白质在蛋白水解酶的作用下水解成氨基酸，因此应当控制蛋白水解酶作用的最适温度。蛋白水解酶作用的最适温度是40~45℃。因为蛋白酶在较浓基质条件下，对温度的耐受性会有所提高，故发酵温度前期以44~50℃为宜。发酵后期，酱醅品温可控制在40~43℃，此时某些耐高温的有益微生物仍可繁殖，所以经过后期发酵，酱油风味可有所改善。

（6）倒池　又称移池，将一个池中酱醅倒入另一个池中。

①倒池的作用。促进酱醅各部分的温度、盐分、水分及酶的浓度趋于均匀；增加酱醅的氧含量，防止厌氧菌生长，促进有益微生物繁殖和色素生成；排除酱醅内部因生物化学反应而产生的有害挥发性物质。

②倒池的次数确定。若发酵周期20d左右，只需在第9~10d倒池一次；若发酵周期25~30d可倒池两次。倒池的次数不宜过多，过多既不利于保温，又会造成淋油困难。

（四）低盐固态发酵原池浸出工艺

1. 工艺流程

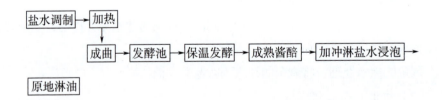

2. 操作要点

原池淋油与移池淋油操作基本相同。但无需单独淋油池，而是在发酵池下面设有假底用于淋油。发酵酱醅成熟，打入冲淋盐水浸泡后，打开阀门即可淋油。

酱醅含水量比移池淋油含水量高，可达到57%左右，这样有利于蛋白酶的水解，可提高全氮利用率。

（五）低盐固态淋浇发酵浸出工艺

1. 工艺流程

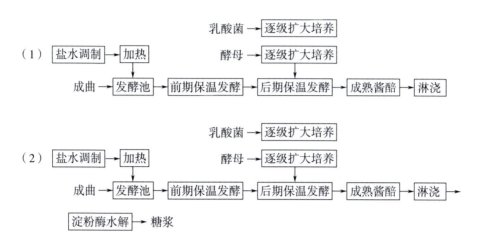

2. 操作要点

（1）盐水调制　方法与上述相同。

（2）稀糖浆盐水配制　如制曲过程中将大部分淀粉原料制成糖浆直接参与发酵，则需要配制稀糖浆盐水。稀糖浆中含有糖分与糖渣，不能依据浓度折算盐度，要经过化验才能准确了解糖浆中的含盐量。本工艺要求食盐含量14~15g/100mL，用量与盐水相等。

（3）酵母和乳酸菌液的制备　选择酵母和乳酸菌菌种并扩大培养，菌种选定后，首先分别进行逐级扩大培养，使之每级扩大10倍，再混合培养，最后接入酱醅中。

（4）制醅　将准备好的盐水或稀糖浆盐水加热到50~55℃。将成曲粗粉碎，在绞龙输送过程中拌入盐水或稀糖浆盐水，进入发酵池。在距池底20cm左右的成曲拌入盐水或稀糖浆盐水略少些，然后逐步增加，最后把剩余盐水浇于酱醅面层待盐水全部吸入醅料后，盖上食品级聚乙烯薄膜，四周以盐封边将膜压紧，再在发酵池上盖上木板。

（5）发酵

①前期保温发酵

保温：成曲拌入盐水或稀糖浆盐水送入发酵池后，保持温度在40~45℃，每天定时定点检查温度。

淋浇：淋浇就是将积累在发酵池假底下的浆汁，用水泵抽回浇于酱醅表面。成曲入池后，次日淋浇一次，一般在前期分阶段再淋浇2~3次。淋浇时浆汁加入的速度越快越好，使酱汁布满酱醅面上，保持整个发酵池内温度均匀。若酱醅温度不足，可在放出浆汁中通入蒸汽。

时间：前期保温发酵时间15d。

②后期降温发酵

加入制备好的酵母和乳酸菌液：前期发酵完毕，利用淋浇方法将制备好的酵母和乳酸菌液浇于酱醅表面，并补加盐水，将其均匀地淋在酱醅内，使酱醅含盐为15%以上。

品温：品温要求降至15℃。

淋浇：第2d及第3d分别淋浇一次。

时间：后期降温发酵时间15d。

四、高盐稀态发酵工艺

在面曲中加入较多的盐水，使酱醅成稀醪，发酵时酱醪为流动状态的一种方法。此方法可以使酱油香气较浓，风味较好。稀醪发酵，便于搅拌和保温，易于输送，适合大规模的机械化生产。但酱油色泽较淡，发酵周期长，保温发酵设备多。

（一）工艺流程

盐水调制 → 成曲 → 制醪 → 搅拌 → 保温发酵 → 成熟酱醅

（二）分类

高盐稀态发酵工艺是指在面曲中加入较多的盐水，使酱醅呈流动状态进行发酵的工艺。有常温发酵和保温发酵之分。

常温发酵的酱醅温度随气温高低自然升降，酱醪成熟缓慢，发酵时间较长。

保温发酵又称温酿稀发酵，根据保温的温度不同，分为四种：先低后高温型、先高后低温型、保温型和低温型。

1. 先低后高温型

温度是先低后高。酱醅先经过较低温度缓慢进行酒精发酵，然后逐步将发酵温度上升至42~45℃，使淀粉糖化和蛋白质分解作用完全，同时促使酱醅成熟的发酵方法。发酵周期为3个月。

2. 先高后低温型

温度是先高后低。发酵初期温度达到42~45℃，保持15d，使酱醅中全氮及氨基酸生成速度基本达到高峰，然后逐步降低发酵温度，促进耐盐酵母进行旺盛的酒精发酵和酱醅成熟作用的发酵方法。发酵周期为3个月。产品口味浓厚，酱香气较浓，色泽较其他型深。

3. 保温型

酱醅发酵温度始终保持在42℃左右。耐盐耐高温的酵母也会缓慢地进行酒精发酵。发酵周期一般为2个月。

4. 低温型

酱醅发酵温度始终保持在15~30℃。整个发酵过程分为4个阶段：谷氨酸生成阶段、乳酸发酵阶段、酒精发酵阶段和酱醅生香阶段。

（1）谷氨酸生成阶段　酱醅发酵温度保持15℃、30d，抑制乳酸菌的生长繁殖，能充分发挥碱性蛋白酶作用，有利于谷氨酸生成和蛋白质利用率的提高。

（2）乳酸发酵阶段　30d后，发酵温度逐步升高，开始乳酸发酵。当pH下降至5.3~5.5，乳酸发酵基本结束。

（3）酒精发酵阶段　品温到22~25℃时，由于酵母开始酒精发酵，温度升到30℃，这是酒精发酵最旺盛时期。从酱醅下池2个月后，pH降到5以下，酒精发酵基本结束。

（4）酱醅生香阶段　此阶段为发酵后期，酱醅继续保持在28~30℃，4个月以上，酱醅达到成熟。

（三）操作要点

1. 盐水调制

盐水调制成18~20°Bé，吸取其清液使用。低温型在夏天则需加冰降温，使其达到需要的温度。

2. 制醪

将成曲破碎，称量后拌盐水，盐水用量一般约为成曲质量的2.5倍。

3. 搅拌

由于曲料干硬，有菌丝及孢子在外面，盐水往往不能很快浸润而是漂浮于液面上，形成一个料盖，因此成曲入池后，应该立即利用压缩空气进行搅拌。

不同工艺类型发酵，搅拌次数和时间不同。搅拌是稀发酵的重要环节。搅拌要求压力大，时间短。时间过长，酱醪发黏不易压榨。搅拌的程度还影响酱醪的发酵与成熟。

（1）低温型发酵　开始时每隔4d搅拌一次，酵母发酵开始后，每隔3d搅拌一次，酵母发酵完毕，一个月搅拌两次，直至酱醪成熟。

（2）先高后低温型发酵　由于需要保持较高温，可适当增加搅拌次数。稀醪发酵的初发酵阶段常需要每日搅拌。

4. 保温发酵

根据各种稀醪发酵工艺要求的发酵温度，利用保温装置，严格控制发酵温度，每天检查温度1~2次。同时借控温设施及空气搅拌调节至要求的品温，加强发酵管理，定期抽样检验酱醪质量，直至酱醪成熟。

五、天然晒露发酵工艺

以荞麦为原料，制曲不用种曲，用竹匾为工具，靠空气中自然存在的米曲霉等微生物制成黄子（酱曲），成曲与20°Bé盐水混合成酱醪放入室外大缸内，经三伏炎暑日晒夜露，大约6个月即可成熟。

（一）工艺流程

荞麦 → 淘洗 → 浸泡 → 蒸煮 → 混合 → 冷却 → 接种 → 培养 → 制曲 → 下缸 →

（浸泡上方：面粉）（淘洗下方：盐水）

混合 → 晒露发酵 → 成熟酱醪

（二）操作要点

1. 原料处理

（1）荞麦淘洗浸泡　荞麦洗净后，放入缸或桶内，加冷水浸泡，时间夏天4~5h，春秋天8~10h，冬天15~16h。

（2）蒸煮　采用常压或加压蒸煮。

2. 制曲

（1）老法制曲

①蒸熟荞麦出锅，摊于拌料台上冷却至80℃左右，与生面粉拌匀。

②放入曲室，利用自然存在的微生物制曲，不添加种曲，保持室温25~28℃，若超过40℃，开门通气散热，同时翻曲一次。

③制曲时间一般6~7d，气温低则8~9d。

（2）厚层通风制曲

①将蒸熟出锅荞麦放入曲箱内，加入面粉，拌匀后通风冷却至40℃。

②接入种曲0.3%~0.4%，拌匀后摊平保持品温32℃左右，待品温升至36~37℃，再通风降温至32℃。

③一般翻曲1~2次，翻曲后品温维持33~35℃为宜，直至成曲呈现旺盛的黄绿色孢子。

3. 晒露发酵

每缸放入用荞麦制成的曲，加入18~20°Bé盐水，让盐水逐渐渗入曲内，次日立即把表面干曲掀压至下层，然后晒露发酵，酱醅表面呈红褐色，即可翻酱1次，再经过三伏晒露，整个酱醅呈黑褐色，同时有酱香味，此时已成，发酵结束一般要6个月以上。

六、固稀发酵工艺

（一）工艺流程

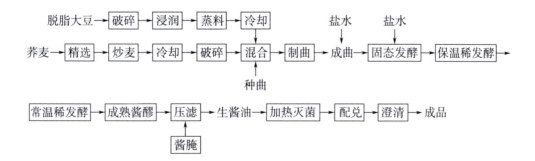

（二）操作要点

1. 种曲制造

种曲培养：试管菌种→三角瓶菌种→曲盒菌种（或曲池），逐级扩大培养。

2. 原料处理

（1）脱脂大豆的处理

①破碎。脱脂大豆的破碎程度，以粗细均匀为宜。要求颗粒直径2~3mm，2mm以下粉末量不超过20%。

②浸润。轧碎的脱脂大豆均匀地拌入80~90℃的热水，加水量为原料的120%~125%，浸润适当时间。

③蒸料。蒸汽压力为1.5~2.0kg/cm²；蒸汽温度为125~130℃；保压时间为5~15min。

（2）荞麦的处理　炒麦温度为170℃，焙炒后冷却破碎。

（3）制曲

①接菌入池：将蒸熟的脱脂大豆与焙炒破碎的荞麦混合均匀，冷却到40℃以下，接入种曲。种曲接种量为2%~3%，混合均匀后移入曲池制曲。

②制曲工艺条件：曲层厚度为25~30mm。制曲过程中，品温控制在30~32℃，最高不得超过35℃。趋势温度为28~32℃，曲室相对湿度在90%以上，制曲3d。制曲过程中应进行2~3次翻曲。

（4）发酵

①盐水的配制。食盐加水溶解，调制成所需浓度，澄清后，取其上清液使用。

②固态发酵。成曲与盐水均匀混合入发酵池进行固态发酵，混合时要严格控制曲和盐水的流量。盐水浓度为12~14°Bé，盐水温度在夏天为40~45℃，冬天为45~50℃。盐水与成曲原料比例为1∶1，固态发酵是使品温保持在40~42℃，不得超过45℃。为防止酱醪氧化，应在酱醪表面撒上盖面盐，固态发酵时间为14d。

③保温稀发酵。固态发酵10~14d后，加入二次盐水。二次盐水浓度为18°Bé，二次盐水温度为35~37℃，二次盐水加入量为成曲原料的1.5倍，加入二次盐水后酱醪成稀醪状，之后进行保温稀发酵，保持品温35~37℃发酵时间15~20d。在保温稀发酵阶段，应采用压缩空气对酱醪进行搅拌，开始时每天

搅拌一次，每次3~4min。4~5d后酱醪起发，表面有醪盖形成后，改为2~3d搅拌一次，搅拌至依醪盖消失后可停止搅拌，如发酵旺盛时，应增加搅拌次数。

④常温稀发酵。保温稀发酵结束后的酱醪用泵输送至常温发酵罐，在品温28~30℃下进行常温稀发酵30~100d。在常温稀发酵阶段一般每周搅拌1~2次。

（5）压滤　成熟酱醪用泵输送至压滤机进行压滤。压滤分离出的生酱油，全部流入沉淀罐，沉淀7d。

（6）加热灭菌　生酱油加热灭菌温度因方法不同而异。间歇式加热65~70℃维持30min。连续式加温，热交换器出口温度应控制在85℃。加温后的酱油再经过热交换器进行冷却，一般控制冷却到60℃后再输送至沉淀罐进行自然沉淀7d。

第三节　荞麦酱油的功能活性

酱油是人们日常饮食中的主要调味品，经过研究表明，酱油具有降血压、抑菌、抗氧化等多种生理功能。酱油可以促进人体分泌胃液，帮助消化；由于酱油中含有抑制血管紧张素转化酶的化合物，通过调节血压的血管紧张素Ⅱ的生成可达到降低血压的效果；同时，酱油对常见食源性细菌有抑制作用，如大肠杆菌、金黄色葡萄球菌、沙门氏菌等，从而起到抑制食物腐败的作用，用来保存季节性鱼类和生鲜蔬菜；酱油具有抗氧化作用的原因是在发酵过程中原料内的蛋白质分解为具有抗氧化活性的肽。

第四节　荞麦酱油产品

一、苦荞核桃酱油

苦荞核桃酱油含有18种常见的氨基酸，包括人体所必需的8种氨基酸。其中常见氨基酸含量高低顺序同普通大豆酱油顺序一致，并且精氨酸的含量高于普通酱油。

二、脱脂花生苦荞酱油

以花生粕、棉籽粕、苦荞粕为蛋白质原料，麸皮、小麦粉为淀粉质原料酿造的酱油。原料配比是花生粕：棉籽粕：苦荞粕：麸皮：小麦粉=20：20：20：36：4，全氮利用率78.07%。

参考文献

[1] 黄亚东, 韩群.发酵调味品生产技术[M].北京：中国轻工业出版社, 2014.

[2] 李谦.高品质苦荞酱油低盐固态发酵工艺优化[D].贵阳：贵州大学, 2015.

[3] 张建友, 陈志明, 王芳, 等.大豆酱油分子质量超滤分级及抗氧化活性研究[J].中国食品学报, 2019, 19（1）：48-54.

第四章

荞麦面酱

第一节　概述

根据GB 2718—2014《食品安全国家标准　酿造酱》对酿造酱的定义：以谷物和（或）豆类为主要原料经微生物发酵而制成的半固态的调味品，如面酱、黄酱、蚕豆酱等。酱品是我国及东南亚各国特有的调味品，这些产品不但营养丰富，风味独特，而且易被消化吸收，是一种深受欢迎的调味品。

酱品的制作在我国有着悠久的历史。据考证，最初出现的酱是在殷商时期，以肉类为原料制成的肉类酱，以兽肉为原料制作的一般称为肉酱或肉醢，用鱼肉制作的称为鱼酱或鱼醢。西周时期逐步出现了以谷物及豆类为原料制作的麦酱、面酱、豆酱等植物性酱类，并且得到迅速发展。酱品容易制备，便于保存，味道鲜美，造价低廉，很容易普及和推广。但直到新中国建立初期，酱品的生产和经营大多数都是一家一户的小作坊式的生产状态。为了适应社会的发展，国家把发展调味品生产摆上了重要位置，对酱类制曲的菌种、制曲方法都进行了改良，生产工艺设备也采用了机械化、半机械化代替手工操作，酱品年产量达到了百余万吨，花色品种也越发丰富，涌现了如桂林豆酱、云南昭通酱、陕西黄樱黄酱、广东普宁豆酱、江苏巴山酱、山东济南甜面酱、河北保定面酱、山西太原腐酱、四川郫县豆瓣酱、临江寺豆瓣酱、浙江杭州豆瓣酱等一大批优秀酱品，大大满足了人们的需要。按制酱原料和制酱方法的不同，酱品可分为面酱、豆酱、豆豉等。

一、面酱的概述

面酱，也称甜酱，是以面粉为主要原料生产的酱类，经制曲和保温发酵而制成的一种酱状调味品，其味咸中带甜，同时具有酱香和酯香而得名。SB/T 10296—2009《甜面酱》对甜面酱的定义：以小麦粉、水、食盐为主要原料，采用微生物发酵酿造加工而成的酱制品。它利用米曲霉分泌的淀粉酶将面粉经蒸熟而糊化的大量淀粉分解为糊精、麦芽糖及葡萄糖。米曲霉菌丝繁殖越旺盛，则糖化程度越强。此项糖化作用在制曲时已经开始进行，在酱醅发酵期间，更进一步糖化。同时面粉中的少量蛋白质，也经米曲霉所分泌的蛋白酶分解成为氨基酸，在酱醅发酵过程中还有自然接种的酵母、乳酸菌等共同作用，从而使面酱稍带鲜味，成为具有特殊滋味的产品。而食盐的加入，则赋予面酱以咸味。

面酱含有多种风味物质和营养物质，不仅有鲜美、甜味、咸味等复杂味道，而且可以丰富菜肴营养，增加菜肴可食性，具有开胃助食的功效。

二、面酱的分类

面酱生产方法有传统酿造法（即曲法）制酱和酶法制酱两种。根据制作过程中面粉处理方式的不同，又可分为南酱园做法和京酱园做法，简称南做法和京做法，它们之间的区别在于一个是死面的，一个是发面的。南酱园是发面的，即将面粉拌入少量水搓成麦穗形，而后再蒸，蒸完后降温接种制曲，拌盐水发酵。发面的特点是利口、味正。死面的特点是甜度大，发黏。作为一种别具风味的调味料，面酱在我国北方极为普遍。面酱与豆酱混合后可做成鲜、甜可口的调味料，再加入各种辅料，还可以加工成各种花色酱。

第二节　荞麦面酱的生产工艺

根据生产原料的不同，面酱可分为小麦面酱、杂面酱、复合面酱等。荞麦面酱的生产方式有曲法和酶法两类，前者是传统生产方式，制得的面酱风味较好，但由于需要经过制曲阶段，操作较复杂；后者操作简单，出品率高，每100kg面粉约可产甜酱210kg，比传统曲法制酱约增产30%以上，但产品风味较差。

一、曲法荞麦面酱的制作

（一）工艺流程

曲法荞麦面酱的制作工艺流程如下：

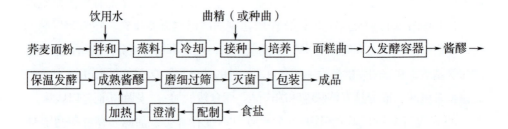

（二）原料及原料预处理

原料选择特别要注意合理性。所使用的原料既要保证生产能顺利进行，还要使产品具有必要的风味，因此，如何合理选择原料是保证产品质量及其风味的一个十分重要的环节。

1. 原料

（1）面粉　一般使用标准荞麦面粉。荞麦面粉在多湿而高温的季节里，特别是梅雨季节里很容易发生变质，荞麦面粉中脂肪分解会产生一种不愉快的气味，糖类发酵后就会带有酸性，麸质变化后会失去弹性及黏性，同时面粉在受潮受热时还会发生霉变和虫害。变质的荞麦面粉对酱类的质量都有不良的影响，注意妥善保管。

（2）水　酱类中含水约55%，因此水也是制酱的主要原料。一般清洁干净的自来水、井水、湖水、河水均可使用。但必须注意水是否有被工业污染的情况。制酱用水必须符合GB 5749—2006《生活饮用水卫生标准》的要求。

（3）食盐　食盐是酱类酿造的重要原料，它不但能使酱醅安全成熟，而且又是制品咸味的来源，它与氨基酸共同形成酱类制品的鲜味，起到调味作用，同时在发酵过程及成品中起到防腐败的作用。食盐的主要成分是氯化钠，还含有卤汁和其他杂质。因为酱类是直接食用的，所以食盐溶解后的盐水必须经过沉淀除去沉淀物后再用。拌入成熟酱醅的食盐必须选择含杂质少的精盐。

2. 原料预处理

（1）拌和　面粉按比例加水，用人工或机器拌和成蚕豆般大小的颗粒或面块碎片，或者面粉拌水后以辊式压榨或面板再切分成面块。拌和应做到水分均匀，避免局部过湿或有干粉存在。面块大小也要均，才有利于蒸熟和蒸透。

①拌和的目的。为蒸料做准备。

②原料配比。生产面酱的原料面粉一般采用标准面粉，拌和用水控制在面粉用量的25%~30%。

③拌和方法。面粉与水的拌和可以是手工拌和，也可以是机械拌和。手工拌和一般在洁净的拌和台或拌和盆里进行。机械拌和可以采用拌和设备如拌和机、辊式压延机等进行拌和。面酱生产中一般用手工或拌和机将面粉和水拌和成蚕豆般大颗粒或面块碎片（传统的方法是将面粉制成馒头，俗称制馒头曲），也可拌和后以辊式压延机压榨成面板，再切分成面块。面块一般约为长30cm，宽10~15cm。

④拌和时的注意事项。控制面粉和水的比例，避免拌和后的面块或面条过硬或过软，影响蒸料和制曲。在拌和过程中，注意水分均匀，防止局部过湿和有干粉存在；拌和后的面块大小要均匀，不可过大或过小，以免蒸煮过度或夹生；拌和时间不宜过长，以防止杂菌滋生。

（2）蒸料

①蒸料的目的。蒸料是为了使原料中的蛋白质完成适度变性，使淀粉吸水膨胀而糊化，并产生少量糖类；同时消灭附着在原料上的微生物，以便于米曲霉生长繁殖，以及原料被酶分解。蒸熟面块的设备主要有甑锅或面糕连续蒸料机。

②甑锅蒸料。甑锅是常压蒸料设备。蒸料方法是边上料边通蒸汽，面粒或面块陆续放入，上料结束片刻，锅上层全部冒汽，加盖再蒸5min即可出料。蒸熟的面粒或面块呈玉色，咀嚼粘牙齿，稍带甜味。

③面糕连续蒸料机。面糕连续蒸料机1h能蒸面粉约750kg，既节约劳动力，又能提高蒸料质量。设备由蒸面糕机、拌和机、熟料输送绞龙、落熟料器和鼓风机等组成。面糕连续蒸料机顶部为进料斗，底部设有转底盘，盘上装有刀片，盘下装有刮板。电动机通过减速器带动转底盘旋转。该机的桶状中部（桶身）即为蒸料部分，在它的侧面装有蒸汽管与桶身内部相通，可使蒸汽通入桶内蒸料，机底下设出料淌槽。

④面糕连续蒸料机的操作方法。将面粉倒入拌和机内，加水充分拌和，然后开启蒸汽管道的排液阀，使蒸汽总管中的冷凝水排尽。随后开启进入蒸料

机的蒸汽阀，将拌和机拌匀的碎面块经进料斗送入蒸料机，待蒸料机桶身中积有1/2高的碎面块时，即可开动转底盘，装于盘上的刮刀随之转动，将底部的面糕刮削下来，上面蒸熟的面糕不断下降，并由刮刀继续刮下。刮下的热面糕被刮板刮入出料淌槽，通过绞龙由鼓风机降温吹出，由落熟料器落下进入下道工序。

⑤面糕连续蒸料机的注意事项。进料与出料应协调，不使蒸料桶内积存碎面块过多或过少。应根据刮出的面糕蒸熟程度，控制进桶身的蒸汽量和蒸料时间。蒸料桶中要保持一定数量的预积层，使面糕能充分熟透。开始蒸料时，底层碎面块与蒸汽接触时间不够，未能熟透，故刮下来的面糕应重蒸。蒸熟后要迅速冷却。

（三）制曲

1. 制曲的目的

制酱工艺操作分为制曲和酱醪发酵两部分。制曲是按比例在蒸熟的面块中拌入曲精（或种曲），使米曲霉充分生长繁殖，并产生蛋白酶系和淀粉酶系，利用原料面粉培养曲霉获得分解蛋白质、淀粉等物质的酶类，使原料得到一定程度的分解，为发酵创造条件。

2. 制曲的方法

制曲分为地面曲床制曲和薄层竹帘制曲。

（1）**地面曲床制曲** 此工艺用于制作馒头或卷子形曲。

①工艺流程

面粉 → 和面 → 做馒头（或卷子）→ 蒸熟 → 出笼 → 摊凉 → 入曲室培养 → 堆垛 →

翻倒 → 成曲（馒头或卷子形）

②操作要点

a.和面、做馒头（或卷子）每50kg面粉加水17.5~18.5kg，经过充分拌和后加工成馒头（或卷子），每个制成1~1.5kg。

b.入笼蒸熟加工成馒头后即放入蒸笼，间距保持1~1.5cm，然后开阀门通蒸汽，待蒸至圆汽后再继续蒸约30min，当有熟香味时即熟，接着出笼摊凉。

c.入曲室培养：培养曲室要先打扫干净，并用硫黄或甲醛熏蒸后备用，室内地面上铺洁净麦草10~15cm厚，上面铺芦席一层，出笼摊凉后的馒头堆放在席上，高40~50cm，上面铺一层芦席，室温25~28℃，品温35~38℃，并保持一定的湿度，每天翻倒一次，品温高于40℃时每天可翻倒两次。培养约15d，品温逐渐下降28~35℃，这时即堆高80~90cm的大堆，不再翻倒，约过7d即制成曲，可以出室入缸发酵。

d.成曲质量主要进行感官评价：表皮干燥有裂纹，满布黄绿色孢子；内部呈棕褐色稠液体状，有曲香，无其他不良气味。

（2）薄层竹帘制曲　此工艺用于制面穗形曲。

①工艺流程

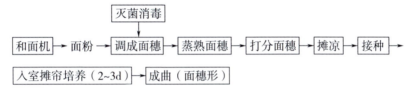

②操作要点

a.灭菌消毒：曲室地面、墙壁及竹帘、架子等用具刷洗干净晾干后用硫黄或甲醛熏蒸后备用；竹帘用一段时间黏附曲子后应进行刷洗，晾干后再用。

b.蒸熟面穗：每50kg面粉加水8~8.5kg。将面粉先放入蒸面机内，开动机器边加水边进行充分搅拌，待调为棉絮状的散面穗（似黄豆大小的颗粒状）后，即开蒸汽阀门，常压加热蒸煮，蒸5~7min，面穗呈玉白色，口感不黏且略带甜味时，即已蒸熟，这时可拨动开关将面穗打出落地，堆放起来，待全部蒸完再一起摊凉接种。

c.摊凉、接种：待预定数量的面穗都已蒸完之后，将面穗在地上摊平冷却，冷至37~40℃时即可接入沪酿3.042米曲霉菌种。接种方法：先取适量面穗，将3.042米曲霉与其充分掺拌，之后将其均匀撒入冷却好的面穗中，再进行充分均匀的翻拌即可。

d.摊帘培养：接种翻拌均匀后即摊上竹帘培养。曲料厚度22.5cm，室温保持25~30℃，品温33~38℃。要有专人管理，按要求调控湿度、温度。摊帘后约经过1d培养，面穗表面已长满白色短菌丝，品温上升至33~35℃，如品温继续上升，需开门窗通风，以调节温度，继续培养1~2d，面穗已长满黄绿色孢子，即为成曲（面穗曲）。

（四）保温发酵

发酵是制曲的延续和深入。向装有曲料的发酵容器中加入盐水，淀粉酶和蛋白酶等酶系分解原料中的淀粉为糊精、麦芽糖和葡萄糖，分解原料中的蛋白质为肽类和氨基酸，同时在酱醅发酵过程中还有自然接种的酵母、乳酸菌等共同作用，生成具有鲜味、甜味等复杂味道的物质，形成具有面酱特殊风味的成品。面酱发酵方法一般有传统法和速酿法，但产品色泽和风味以传统法产品为优。

1. 传统法

这是过去较多采用的方法，即高盐发酵的方式。操作如下所述。

酱醅将面曲堆积升温至50℃，送入发酵缸，加入16°Bé的盐水浸渍，泡涨后适时翻拌，日晒夜露。夏天经3个月即可成熟，其他气温低的季节需半年才能成熟。此法制酱风味较好，但周期长。由于是开放式敞口发酵，制作完毕后仍有大量微生物存在，可继续发酵产酸、产气，将影响产品的质量和保质期；同时人工翻酱操作劳动强度大，现在有些企业已采用了翻酱机进行翻酱，大大降低了劳动强度。

2. 速酿法

速酿法即保温发酵法，根据加盐水的方式不同又分为两种不同的方法。

（1）一次加足盐水发酵法　即将面曲送入发酵容器，耙平，让其自然升温至40℃左右，随时添加（即从面层四周徐徐一次注入）制备好的14°Bé的热盐水（60~65℃），盐水全部渗入曲内后，用表层稍加压实，加盖保温发酵。

注意：加盖保温发酵时，品温维持在53~55℃，不能过高或过低，过高酱醪易发苦，过低酱醪易酸败，且甜味不足。每天搅拌一次，经4~5d已吸足水分的面曲基本完成，再经7~10d即发酵成浓稠带甜的面酱。

（2）分次添加盐水发酵法　将面曲堆积升温至45~50℃，将面曲和所需盐水总量50%的14°Bé、温度为65~70℃的热盐水充分拌和，然后送入发酵容器，盐水与曲料拌和后品温应在54℃左右。拌入发酵容器后，迅速耙平，面层用少量再制盐封盖好，保温在53~55℃内发酵。7d后加入经煮沸的剩下的50%的盐水，最后经压缩空气翻匀，即发酵成浓稠带甜的面酱。

3. 其他法

第三种操作是先将面粉曲加入发酵容器升温，将13°Bé冷盐水加入面粉曲中，最后将面层压实，进行保温发酵。品温由低到高，每天搅拌2次，一星期后品温升至50℃，最高品温达到53~55℃，周期1个月左右，变成浓稠带甜的酱醪。

制酱过程中应注意以下几点：

（1）小型生产一般用500~600L的陶瓷缸水浴保温发酵或晒露发酵，大型生产一般用保温发酵罐或五面保温发酵池发酵，并利用压缩空气翻酱，既省力又卫生。

（2）曲中一次注入热盐水发酵时，因盐水量较多，有部分面粉曲浮于面层，容易变质，因此必须及时、充分搅拌，使面层曲均匀吸收盐水。

（3）发酵温度要求为53~55℃，需要严格掌握。如果发酵温度低，不但面酱糖分降低，质量变劣，而且容易发酸。若发酵温度过高，虽可促使酱醪成熟快，但接触发酵容器壁的酱醪往往因温度过高而变焦，产生苦味。

（4）采用一次加足盐水发酵时，保温发酵期内酱醪应每天搅拌1~2次，一方面使酱醪均匀，另一方面能促使酱醪快速成熟。

（5）面酱成熟后，当温度在20℃以下时，可移至室外储存容器中保存，若温度在20℃以上时，贮藏时必须通过加热处理和添加防腐剂以防止酵母发酵而变质。

（五）后处理

面酱成品的后处理是为了改善面酱口感，延长保质期。其方法是将物料磨细、过筛、灭菌（消毒）等。

1. 磨细过筛

酱醪成熟后，总有些疙瘩，口感不适，因此要磨细，并过50目左右的筛。磨细可采用石磨或螺旋出酱机，后者同时具有出酱和磨细两种功能，对提高功效和降低劳动强度有利。磨细的酱通过筛子经消毒处理即可贮藏。

2. 灭菌

面酱大多直接作为调味品，一般不需煮沸就可直接食用，因此制酱时必须经过加热处理。同时因面酱容易继续发酵并生白花，不宜贮藏，为保证卫生及延长保质期，也应进行防腐处理。

面酱的灭菌防腐通常是直接通入蒸汽，将面酱加热到65~70℃，维持15~20min，同时添加适量苯甲酸钠，并将其搅拌均匀。用蒸汽通入酱醪加热处理，容易引起凝结水对酱醪的稀释作用，为了不造成产品过稀，发酵时盐水用量应酌量减少。用直火加热处理，因酱醪浓稠，上下对流不畅，使酱醪受热不均匀，接近锅底的酱醪很容易焦煳，所以应注意不断翻拌。

3. 包装

面酱成品根据销售情况，可采用不同的包装，但最好密封包装，防止面酱因污染而变质。并尽量做到先产先销、后产后销，以保证产品质量。

二、酶法荞麦面酱的制作

酶法面酱是在传统曲法制酱工艺的基础上改进而来，面酱糕不用于制曲，只用于制少量粗酶液。此法可缩短面酱生产周期，节省劳动力，同时，因采用酶液水解，减少了杂菌污染，改善了酱品卫生条件，提高了酱品成品率。但此法制得的面酱风味比曲法面酱稍差。

（一）工艺流程

酶法面酱的制作工艺流程为：

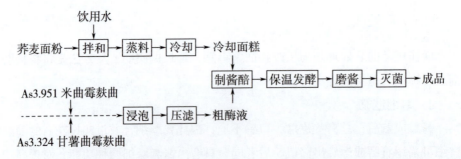

（二）粗酶液的制备

1. 菌种的选择

菌种通常选用甘薯曲酶和米曲酶两种曲霉，这是因为甘薯曲霉耐热性强，其在60℃时糖化效果最好，在50~58℃时有较持久的酶活力；其在酶解过程中还能产生有机酸，使面酱风味调和而增加适口性。米曲霉糖化酶活力高，制成的酱色泽、风味较好，但其糖化酶活力持久差。所以二者混合使用，既增加了糖化酶活力的持久性，又增进了产品的色泽和风味。

2. 粗酶液的提取

（1）制备麸曲　以麸皮为原料，分别接种甘薯曲霉和米曲霉，制备麸曲。

（2）粗酶液浸提　按面粉质量的13%（其中米曲霉占10%，甘薯曲霉占3%）将上述2种麸曲混合、粉碎，放入浸出容器内，加入曲重3~4倍的45℃温水浸泡，提取酶液，时间为9min，其间充分搅拌，促进酶的溶出；过滤后残渣应再加入水浸提一次。

（3）混合　二次酶液混合后备用。浸出酶液在热天易变质，可适当加入食盐。

（三）原料及其处理

1. 原料配比

面粉100kg（蒸熟后面糕重138kg），食盐14kg，米曲霉10kg，甘薯曲霉3kg，水6kg（包括酶液）。

2. 蒸料

面粉与水（按面粉质量的28%）拌和成细粒状，待蒸锅内水煮沸后上料，圆汽后继续蒸熟后，面糕水分为36%~38%。

3. 保温发酵

（1）配料入缸　面糕冷却至60℃下缸，按原料配比加入萃取的粗酶液、食盐，搅拌均匀后保温发酵。

（2）保温发酵　入缸后品温要求在45℃左右，以便各种酶能迅速起作用。24h后缸四周已开始有液化现象，有液体渗出，面糕开始膨胀软化，这时即可进行翻酱。维持酱温为45~50℃，第7d升温至55~60℃，第8d视面酱色泽的深浅调节温度至65℃。注意：在保温发酵过程中，应每天翻醅1次，以利于酱醅与盐水充分混合。

（3）出酱　待酱成熟后将酱温升高至70~75℃，应立即出酱，以免糖分焦化变黑，影响产品质量。升温至70℃可起到杀菌灭酶的作用，对防止成品变质有一定的作用。必要时可在成品中添加0.1%以下的苯甲酸钠防腐。

三、面酱成品质量

1. 感官特性

面酱感官特性要符合SB/T 10296—2019《甜面酱》的要求，如表4-1所示。

表4-1　面酱感官特性

项目	要求
色泽	黄褐色或红褐色，鲜艳，有光泽
香气	有酱香和酯香，无不良气味
滋味	咸甜适口，味鲜醇厚，无酸、苦、焦煳及其异味
体态	稀稠适度，无杂质

2. 理化指标

面酱的理化指标要符合SB/T 10296—2019《甜面酱》的要求，如表4-2所示。

表4-2　面酱理化指标

项目	指标
食盐（以NaCl计，g/100g）	≥7.0
还原糖[以葡萄糖汁，%（质量分数）]	≥20.00
氨基酸态氮（以氮计，g/100mL）	≥0.3
水分[%（质量分数）]	≤55.00

3. 卫生指标

应符合GB 2718—2014《食品安全国家标准　酿造酱》的规定。

（1）污染物限量应符合GB 2762—2022《食品安全国家标准　食品中污染物限量》的规定。

（2）真菌毒素限量应符合GB 2761—2017《食品安全国家标准　食品中真菌毒素限量》的规定。

（3）致病菌限量应符合GB 29921—2021《食品安全国家标准　食品中致病菌限量》的规定。

微生物限量应符合表4-3的规定。

表4-3　微生物指标

项目	采样方案[①]及限量				检验方法
	n	c	m	M	
大肠菌群/（CFU/g）	5	2	10	10^2	GB 4789.3—2016平板计数法

①样品的分析及处理按GB 4789.1—2016和GB/T 4789.22—2003执行。

第三节　荞麦面酱的功能活性

荞麦面酱是将面粉蒸煮后，加入荞麦曲、食盐和酵母发酵而成的。主要工艺包括制曲和发酵。荞麦面酱中含有17种氨基酸，其中谷氨酸、精氨酸、赖氨酸含量较高；另外，荞麦面酱还含有其他酱品没有的芦丁。荞麦面酱不仅保持原有面酱的特点，而且又增加了荞麦的药效，它是一种多功能的保健调味品。

一、氨基酸的功能活性

对正常健康的大白鼠饲喂荞麦蛋白、大豆蛋白和酪蛋白的结果表明，荞麦蛋白组脂肪组织的重量最低，预示了其对脂肪蓄积具有良好的抑制作用。荞麦蛋白含有丰富的精氨酸，这可作为其生理作用的一个解释。研究已经证实，缺乏精氨酸会引起肝脏中胆固醇和甘油三酯含量的升高。

二、芦丁的功能活性

荞麦是芦丁最主要的膳食来源。研究已经证实，芦丁具有抗感染、抗突变、抗肿瘤、平滑松弛肌肉和作为雌激素束缚受体等作用。在治疗出血性疾病和高血压病的过程中，芦丁常用于降低血管的脆性。在低脂膳食中，酚类黄酮，例如芦丁和槲皮素可以很大程度上降低结肠癌的危险性。

第四节　荞麦面酱产品

一、保健调味新品荞麦酱

荞麦酱是在蒸煮的大豆中加荞麦、食盐混合发酵而成的酱料，外观酱红色，味香、风味佳，含有芸香苷1.5%，含18种氨基酸，总量达 1906mg/100g，远比米酱（1094mg/100g）及麦酱（1037.9mg/100g）高。其中，鲜味氨基酸中谷氨酸含量达266.3mg/100g，为米、麦酱含量的2倍左右。赖氨酸、精氨酸、亮氨酸、甘氨酸及其他游离氨基酸均比米酱、麦酱高，这是荞麦酱风味与营养独特之处。

生产工艺

（1）原料精选荞麦，除杂加水湿润使含水35.4%，用饱和蒸汽使γ化，再冷风干燥到含水18%～28%，调整到温度30℃以下，分离壳。

（2）原料处理荞麦γ化后，洒水（使含水36%）、均匀吸水，于常压蒸煮45min；大豆，加3倍水，浸16h，除去水分，再加3倍水，于0.5kg/cm²蒸汽蒸40min，除去豆汁，冷却。

（3）制荞麦　荞麦中接入米曲霉*Aspergillusorgzae*，用常法制，40h可制成。成中含γ淀粉酶（2200U/g）、葡萄糖淀粉酶（200U/g）、酸性蛋白酶（14400U/g）、中性蛋白酶（12890U/g）、碱性蛋白酶（6040U/g）、酸性羧肽酶（24000U/g）、荞麦的蛋白酶、羧肽酶活性大大高于大米和小麦。

（4）配料　蒸煮大豆5.2kg、荞麦3.89kg、食盐（精白度60%～65%）1.24kg（达食盐浓度11%）、酵母40mL（耐盐酵母*Zygosaccha-romycesrouxii*）、种水969.5mL，pH 4.8～4.9。酵母培养基，特级酿造酱油160mL（不含防腐剂），精制葡萄糖50g，磷酸二氢钾0.1g，食盐1000g，28～30℃，振荡培养48h。

（5）配料后温度在25℃下，熟成30d。成品含水55.9%，食盐10.8%，pH 5.0，酸度9.9，蛋白溶解率51.5%，蛋白分解率23.4%，还原糖生成率45.3%，乙醇1.9%。

（6）荞麦酱易变色，需放置在15℃以下避光密闭保存。为防止包装酱胀包，一般酱中加2.0%～2.5%乙醇混合均匀。

二、自然发酵工艺的苦荞大麦酱

（1）大麦的预处理　挑选饱满无虫害的大麦，室温条件下加3倍体积的清水浸泡，浸泡时间选取16h。在蒸煮时，考虑到大麦的特性，选择分段蒸煮的方法，即蒸煮温度180℃，每30min加水1次，蒸煮2h。蒸煮后的大麦以手轻轻挤压即可压扁为宜。蒸煮后的大麦在室温条件下摊凉，备用。

（2）苦荞的预处理　苦荞经脱壳筛选后，去除杂质，室温条件下3倍体积的清水浸泡。蒸煮条件为常压条件下180℃，蒸煮时间30min。自然制曲：即将摊凉后的大麦和苦荞按照一定的比例混合以后，用灭菌纱布包裹住，放入事先清洗灭菌的容器中自然发酵，发酵期间，容器上覆盖保温棉絮，同时酱醅不能压实，保持其装入时的状态。参照人工发酵制作小麦酱的工艺，发酵制曲时间为3~5d。

（3）原料配比　由于苦荞味甘、性凉，单独发酵后适口性不好，有轻微涩口感，以适当比例的面粉与之搭配调和后，制成的酱品既有面粉的酱香又有苦荞独特的风味，综合口感让人易接受。采用不同的苦荞与面粉的混合比例，以氨基酸态氮含量为考察指标，确定最佳的苦荞与面粉配比为3∶2。苦荞的浸泡时间不同，蒸煮后苦荞的颜色会不同，制得的成品酱颜色也会不同；浸泡时间不同，苦荞在浸泡过程中营养成分流失程度也会不同，直接现象就是浸泡时间过长后，浸液的颜色加深并且黏稠，部分有拉丝现象。浸泡4~20h，以氨基酸态氮含量为考察指标，确定最佳的苦荞浸泡时间为16h。

（4）食盐添加量　传统酱类产品自然发酵时食盐添加量大多由人工控制，添加量完全凭感觉，会严重影响产品的质量。食盐添加量过大时，会对酶产生抑制作用，延长酱制品的发酵周期，同时可能会掩盖酱品部分风味。盐分过量摄入被认为是胃癌、高血压等的致病因素；食盐添加量过低，又会降低食盐对杂菌的抑制作用，致使杂菌生长繁殖而造成酱的变质。分别按3%~15%的食盐添加量，以氨基酸态氮含量为考察指标，结合感官评价，确定最佳食盐添加量为9%。从自然制曲结束后加盐的第1d起，分别发酵5~20d，以氨基酸态氮含量为考察指标，结合感官评价，确定最佳后期发酵时间为11d。

在室温下，放入发酵容器中的酱醅在保温条件下自然制曲时间为3~5d；苦荞与面粉的原料配比为3∶2；制曲前苦荞的浸泡条件为加3倍体积的清水浸泡16h，小麦浸泡时间为16h；后发酵期添加9%的食盐，发酵11d左右可以得到颜色呈棕黄色、口感适中、酱香浓郁、有特殊苦荞香味的产品，且产品质量指标符合中华人民共和国国家标准。采用以上自然发酵工艺制成的风味独特、酱香浓郁的新产品，更赋予了面酱营养价值。

三、接种菌株HUV-2的荞麦面酱

1. 生产工艺

1000g荞麦粉，加水400mL，按照0.30%的接种量（菌株HUV-2）进行接种。曲料装入大白瓷盘中（堆积不可过厚，防止品温过高引起烧曲）。在32℃条件下进行培养，使得品温控制在30~40℃，在4~5h内孢子吸水膨胀，发芽。待孢子发芽后，适当将料层摊薄，因为料层过厚则上下温差大，通风不良，不利于霉菌的生长。当菌丝大量形成，呼吸旺盛，产生大量热量时，应使品温保持在36~38℃。必要的时候进行一次翻曲，以增强通透性，保持良好的通风条件，掌握好适宜的品温。待到菌丝生长衰退时，呼吸已不旺盛，应降低湿度，适当调高培养温度，使得品温达到37~39℃。

通过感官指标鉴定成曲的质量，菌丝粗壮浓密，无干皮和"夹心"，无怪味和酸味，有米曲霉特有的香味。同时用HUV-2菌株制小麦面酱种曲，沪酿3.042菌株代替HUV-2进行制曲，其余条件一致。

2. 面酱酿造过程

在荞麦面酱种曲中加入水500mL，食盐120g，将其装入2L的白瓷罐中，表面用干净的塑料薄膜封住。前3天不要翻动，开始以后每天翻1遍。在45℃条件下培养，待到第17d，转入到70℃继续培养3天，即可得到成品。

参考文献

[1] 孙华幸.荞麦甜醅对小麦面团流变学特性和馒头品质的影响[D].西北农林科技大学,2019.

[2]　王世霞, 刘珊, 李笑蕊, 等.甜荞麦与苦荞麦的营养及功能活性成分对比分析[J].食品工业科技, 2015, 36（21）: 78-82.

[3]　何天明, 刘章武.苦荞麦豆酱自然发酵工艺研究[J].中国酿造, 2013, 32（10）: 57-60.

[4]　陈江梅.荞麦酿造用米曲霉蛋白酶优良菌株的选育及发酵条件研究[D].西安: 西北大学, 2009.

[5]　韦公远.保健调味新品荞麦酱[J].山东食品科技, 2004（04）: 18.

[6]　李丹, 丁霄霖.荞麦生物活性成分的研究进展（2）——荞麦多酚的结构特性和生理功能[J].西部粮油科技, 2000（06）: 38-41.

[7]　李丹, 丁霄霖.荞麦生物活性成分的研究进展——荞麦蛋白质的结构、功能及食品利用（1）[J].西部粮油科技, 2000（05）: 30-33.

[8]　鞠洪荣, 王君高, 褚雪丽.荞麦豆酱的研制[J].中国酿造, 2000（05）: 17-19.

[9]　鞠洪荣, 李光玲.日本荞麦豆酱的制作及其特点[J].中国酿造, 1998（02）: 3-5.

[10]　周秀琴.荞麦酱酿造法[J].江苏调味副食品, 1996（01）: 28-29.

第五章

荞麦白酒

第一节　概述

荞麦的种植范围覆盖了全世界，而且有很高的营养价值，所以世界各国对其均有研究。在食物方面，日本人用荞麦做面条，法国人将其做成荞麦薄饼，俄罗斯人用荞麦面做馅饼。但是把荞麦当做酿酒原料来研究的国家并不多，我国越来越多的研究人员对白酒发酵的原料及其发酵工艺进行了创新性研究，荞麦白酒成为当前荞麦发酵食品研究的热点。

一、白酒

（一）白酒简介

白酒又称烧酒、老白干、烧刀子，是以淀粉含量很高的粮谷等为原料，以大曲、小曲、麸曲、活性干酵母、糖化酶等为糖化发酵剂，经蒸煮糊化、糖化、发酵、蒸馏、陈酿勾兑等工艺酿造而成的蒸馏酒。除酱香型等个别白酒是允许黄色外，酒体基本清澈透明，饮用过后，回味悠长，留香持久。白酒的主要组成成分是水和酒精，两者所占白酒总量的98%~99%，而剩下1%~2%的组成成分为微量有机化合物，也是白酒呈香呈味的风味物质，其主要包括醛类、酯类、醇类和酸类物质，这些微量物质的不同搭配和比例直接形成了白酒的不同香气、口味和风格。

白酒的酿造是中国古代人民智慧的结晶，与金酒、朗姆酒、威士忌、白兰地和伏特加并列为世界六大蒸馏酒。我国蒸馏酒生产中所特有的制曲技术、复合式糖化发酵工艺和甑桶式间歇蒸馏技术等在世界各种蒸馏酒中独具一格。

蒸馏酒度数较高，杂质含量少，是一种烈性酒，可以存放一年以上而不变质，可以散卖、调酒，开盖不会很快变质。中医认为白酒可以温血通脉，祛风散寒，适合中风、关节炎、手脚麻木的人喝。风寒初起时少量喝酒，可以预防感冒。

中国白酒是从黄酒演化而来的，虽然中国早已利用酒曲及酒药酿酒，但在蒸馏器具出现以前还只能酿造酒度较低的黄酒。蒸馏器具出现以后，用酒曲及酒药酿出的酒再经过蒸馏，可以得到酒度较高的蒸馏酒，即中国白酒。在长江上游四川宜宾、泸州和赤水河流域的贵州仁怀三角地带有全球规模最大、质量最优的蒸馏酒产区，分别为中国三大名酒的茅台、五粮液、泸州老窖，其白酒产业集群扛起了中国白酒产业的半壁河山。各地因人文、地理、环境、气候的不同，采用原料不同，发酵容器不同，发酵周期不同等，酿造出的白酒风格各异。

（二）白酒起源

作为我国特有的酒类品种，白酒具有悠久的历史和文化传统，在各国的烈性酒类产品中占有重要地位。我国酒的历史，可以上溯到上古时期。《史记·殷本纪》关于纣王"以酒为池，悬肉为林""为长夜之饮"的记载，《诗经》中"十月获稻、为此春酒"和"为此春酒，以介眉寿"的诗句等，都表明我国酒之兴起，已有几千年的历史了。关于酒的起源在中国有多种说法。

1. 上天造酒说

自古以来，中国人的祖先就有酒是天上"酒星"所造的说法。《晋书》中有关于酒旗星座的记载："轩辕右角南三星曰酒旗，酒官之旗也，主宴饮食。"同样在文学史上，也有关于酒是由上天所造的诗句。东汉末年以"座上客满，樽中酒不空"自诩的孔融，在《与曹操论酒禁书》中有"天垂酒星之耀，地列酒泉之郡"之说；素有"诗仙"之称的李白，在《月下独酌·其二》一诗中有"天若不爱酒，酒星不在天"的诗句；被人们誉为"鬼才"的诗人李贺，在《秦王饮酒》一诗中也有"龙头泻酒邀酒星"的诗句。此外，如"吾爱李太白，身是酒星魂""酒泉不照九泉下""仰酒旗之景曜""拟酒旗于元象""囚酒星于天岳"等，都带有"酒星"或"酒旗"这样的词句。窦苹所撰《酒谱》中，也有"酒星之作也"的话，意思是自古以来，我国就有酒是天上"酒星"所造的说法。

2. 猿猴造酒说

猿猴不仅嗜酒，而且还会"造酒"，这在我国的许多典籍中都有记载。清代文人李调元在他的著作中记叙道："琼州（今海南岛）多猿，尝于石岩深处得猿酒，盖猿以稻米杂百花所造，一石六辄有五六升许，味最辣，然极难得。"明代文人李日华在他的著述中，也有过类似的记载："黄山多猿猱，春夏采杂花果于石洼中，酝酿成酒，香气溢发，闻娄百步。野樵深入者或得偷饮之，不可多，多即减酒痕，觉之，众猱伺得人，必嬲死之。"这些不同时代、不同人的记载，起码可以证明这样的事实，即在猿猴的聚居处，多有类似"酒"的东西被发现。

3. 仪狄、杜康造酒说

相传夏禹时期的仪狄发明了酿酒。公元前二世纪史书《吕氏春秋》有"仪狄作酒"的说法。汉代刘向编辑的《战国策》则进一步说明："昔者，帝女令仪狄作酒而美，进之禹，禹饮而甘之，"曰："后世必有以酒亡其国者。"遂疏仪狄而绝旨酒。杜康作秫酒，指的是杜康造酒所使用的原料是高粱。可以说仪狄是黄酒的创始人，而杜康则是高粱酒创始人。在几千年漫长的历史过程中，中国传统酒的发展呈阶段性发展。公元前4000—公元前2000年，即由新石器时代的仰韶文化早期到夏朝初年，为头一个阶段。这个阶段，经历了漫长的2000年，是我国传统酒的启蒙期。用发酵的谷物来泡制水酒是当时酿酒的主要形式。从公元前2000年的夏王朝到公元前200年的秦王朝，历时1800年，这一阶段为我国传统酒的成长期。在这个时期，由于有了火，出现了五谷六畜，加之酒曲的发明，使我国成为世界上最早用曲酿酒的国家。醴、酒等品种的产出，仪狄、杜康等酿酒大师的涌现，为中国传统酒的发展奠定了坚实的基础，酿酒业得到很大发展，并且受到重视。第三阶段为公元前200年的秦王朝到公元1000年的北宋，历时1200年，是我国酿制传统酒的成熟期。在这一阶段中，《齐民要术》《酒法》等科技著作问世；新丰酒、兰陵美酒等名优酒开始涌现；黄酒、果酒、药酒及葡萄酒等酒品也有了发展；以李白、杜甫、白居易、杜牧、苏东坡为代表的酒文化名人的出现，促使中国传统酒的发展进入了灿烂的黄金时代。汉唐盛世及欧洲、亚洲、非洲陆上贸易的兴起，使中西酒文化得以互相渗透，为中国白酒的发明及发展进一步奠定了基础。第四阶段是由公元1000年的北宋到公元1840年的晚清时期，历时840年，是我国传统酒酿制技术的提高期。其间西域的蒸馏器传入我国，从而导致了酒度较高的蒸馏白酒的迅速普及。

（三）白酒分类

由于中国地大物博，每个地区的自然环境和酿造条件都不尽相同，所采取的原料、酒曲的种类和搭配以及发酵工艺都大不相同，因此，在白酒发展过程中形成了具有不同特色和风格的白酒。

1. 按照原料分类

按酿酒原料的不同可分为高粱酒、玉米酒、小麦酒、荞麦酒、大米酒、混粮酒等。

2. 按照生产工艺分类

（1）固态法白酒　在配料、蒸粮、糖化、发酵、蒸酒等生产过程中都采用固体状态流转而酿制的白酒，发酵容器主要采用地缸、窖池、大木桶等设备，多采用甑桶蒸馏。固态法白酒酒质较好、香气浓郁、口感柔和、绵甜爽净、余味悠长，国内名酒绝大多数是固态发酵白酒。

（2）固液结合法白酒　先在固态条件下糖化，再于半固态、半液态下发酵，而后蒸馏制成的白酒，其典型代表是桂林三花酒。固液结合法白酒是以固态法白酒不低于30%，与液态法白酒勾调而成的白酒。

（3）液态法白酒　以液态法发酵蒸馏而得的食用酒精为酒基，再经串香、勾兑而成的白酒，发酵成熟醪中含水量较大，发酵蒸馏均在液体状态下进行。

3. 按照糖化发酵剂分类

（1）大曲酒　以大曲为糖化发酵剂酿制而成的白酒。主要的原料有大麦、小麦和一定数量的豌豆，大曲传统上按品温分为高温大曲（60~65℃）、中温大曲（50~60℃）和低温大曲（40~50℃）。一般是固态发酵，大曲酒所酿的酒质量较好，多数名优酒均以大曲酿成，例如泸州老窖等。

（2）小曲酒　以小曲为糖化发酵剂酿制而成的白酒。主要的原料有稻米，多采用半固态发酵，南方的白酒多是小曲酒。

（3）麸曲酒　以麸曲为糖化剂，加酒母发酵酿制而成的白酒。因发酵时间短、生产成本低为多数酒厂所采用，此类酒的产量也是最大的。

（4）混曲酒　以大曲、小曲或麸曲等为糖化发酵剂酿制而成的白酒，或以糖化酶为糖化剂，加酿酒酵母发酵酿制而成的白酒。

4. 按照香型分类

（1）酱香型白酒 以粮谷为原料，经传统固态法发酵、蒸馏、陈酿、勾兑而成的，未添加食用酒精及非白酒发酵产生的呈香呈味物质，具有特征风格的白酒，也称为茅香型白酒，酱香突出、幽雅细致、酒体醇厚、清澈透明、色泽微黄、回味悠长。

（2）浓香型白酒 以粮谷为原料，经传统固态发酵法发酵、蒸馏、陈酿、勾兑而成的，未添加食用酒精及非白酒发酵产生的呈香呈味物质，具有己酸乙酯为主体复合香气的白酒。典型代表有泸州老窖等，也称为泸香型、窖香型、五粮液香型，属大曲酒类。其特点可用六个字、五句话来概括六个字是香、醇、浓、绵、甜、净；五句话是窖香浓郁，清冽甘爽，绵柔醇厚，香味协调，尾净余长。

（3）清香型白酒 以粮谷为原料，经传统固态发酵法发酵、蒸馏、陈酿、勾兑而成的，未添加食用酒精及非白酒发酵产生的呈香呈味物质，具有以乙酸乙酯为主体复合香气的白酒。也称为汾香型，以高粱为原料清蒸清烧、地缸发酵，清香纯正、自然谐调、醇甜柔和、绵甜净爽。

（4）米香型白酒 以大米等为原料，经传统半固态法发酵、蒸馏、陈酿、勾兑而成的，未添加食用酒精及非白酒发酵产生的呈香呈味物质，具有以乳酸乙酯、β-苯乙醇为主体复合香气的白酒。也称为蜜香型，其主要特征是：蜜香清雅、入口柔绵、落口爽冽、回味怡畅。

（5）浓酱兼香型白酒 以谷物为主要原料，经传统固态法发酵、蒸馏、陈酿、勾兑而成的，未添加食用酒精及非白酒发酵产生的呈香呈味物质，具有浓酱兼香独特风格的白酒。酱浓协调、细腻丰满、回味爽净、幽雅舒适、余味悠长。

（6）凤香型白酒 以粮谷为原料，经传统固态发酵法发酵、蒸馏、酒海陈酿、勾兑而成的，未添加食用酒精及非白酒发酵产生的呈香呈味物质，具有乙酸乙酯和己酸乙酯为主的复合香气的白酒。香与味、头与尾和调一致，属于复合香型的大曲白酒，酒液无色、清澈透明、入口甜润、醇厚丰满，有水果香，尾净味长，为喜饮烈性酒者所钟爱。

（7）豉香型白酒 以大米或预碎的大米为原料，经蒸煮，用大酒饼作为主要糖化发酵剂，采用边糖化边发酵的工艺，经蒸馏、陈肉酝浸、勾兑而成的，未添加食用酒精及非白酒发酵的呈色呈香呈味物质，具有豉香特点的白酒。

（8）药香型白酒　以粮谷为原料，经传统固态法发酵、蒸馏、陈酿、勾兑而成的，未添加食用酒精及非白酒发酵产生的呈香呈味物质，具有特香型风格的白酒。清澈透明、香气典雅、浓郁甘美、略带药香、谐调醇甜爽口、后味悠长，以董酒为代表。

（9）特香型白酒　以大米为主要原料，以面粉、麦麸和酒糟培制的大曲为糖化发酵剂，经红褚条石窖池固态发酵，固态蒸馏、陈酿、勾调而成，不直接或间接添加食用酒精及非自身发酵产生的呈色呈香呈味物质，具有特香型风格的白酒。富含浓、清、酱，但均不露头的复合香气，香味谐调，余味悠长。

（10）芝麻香型白酒　以高粱、小麦（麸皮）等为原料，经传统固态法发酵、蒸馏、陈酿、勾兑而成的，未添加食用酒精及非白酒发酵产生的呈香呈味物质，具有芝麻香型风格的白酒。该型白酒以焦香、糊香气味为主，无色、清亮透明，口味比较醇厚爽口，是新中国成立后两大创新香型白酒之一。

（11）馥郁香型白酒　以粮谷为原料，采用小曲和大曲为糖化发酵剂，经泥窖固态发酵、清蒸混入、陈酿、勾调而成的，不直接或间接添加食用酒精及非自身发酵产生的呈色呈香呈味物质，具有前浓中清后酱独特风格的白酒。

（12）老白干香型白酒　以高粱粮谷为原料，经传统固态法发酵、蒸馏、陈酿、勾兑而成的，未添加食用酒精及非白酒发酵产生的呈香呈味物质，具有以乳酸乙酯、乙酸乙酯复合香的白酒。以酒色清澈透明、醇香清雅、甘冽挺拔、诸味协调而著称。

5. 按照酒精度

（1）高度白酒　酒精含量为51%（体积分数）以上的白酒，称为高度白酒。

（2）降度白酒　酒精含量为41%~50%（体积分数）的白酒称为降度白酒，又称中度酒。

（3）低度白酒　酒精含量为40%（体积分数）以下的白酒，称为低度白酒。

按酒精度分类有国际分类法和国内分类法。从国际分类法看，国际上将酒精所占体积分数在43%上，归为烈性酒，也有的人认为酒精体积分数在38%就可以称为烈性酒。从国内分类法看，国内将其分为高、中、低三个等级；也有两种分法，一种是从商品知识的角度来划分：酒精所占体积分数在40%以上者定为高度酒；在20%~40%者为中度酒，20%以下为低度酒；另一种是从传统生产的角度来分，因我国传统白酒绝大多数白酒的度数都在60%以上，所以把酒精体积分数在50%以上的定为高度酒，在40%~49%的定为中度酒（又称降度酒），40%以下者定为低度酒。

二、荞麦白酒

（一）荞麦白酒

荞麦白酒以荞麦为主要原料，搭配优质杂粮发酵而成，其富含多种氨基酸、有机酸、多糖等成分，更增加了芦丁、槲皮素、D-手性肌醇等生理功能因子，含有抗氧化、调节血糖、防治心血管疾病等多种生物活性物质。荞麦经过发酵，保留了原料中的大部分有效成分，而且通过微生物代谢使发酵后的营养物质更丰富，易被人体吸收。荞麦白酒制作是将荞麦原料中的营养和保健成分溶解于酒产品中，因其富含醇溶性黄酮类化合物，故其有效成分极易溶于酒中，再经过发酵，可以将荞麦中的复杂成分分解成简单物质，因此荞麦白酒营养价值和保健价值得到大幅提升。

（二）荞麦白酒行业现状

由于我国有悠久的酿造酒的历史，酿造工艺流程也比较成熟，对于荞麦酒的研究有着坚实的基础。采用苦荞酿造传统白酒多采用小曲发酵工艺，发酵周期短，出酒率高，用曲量少，但总酸总酯含量低，对酒质有一定影响。我国市场上售卖的已有湖北的毛铺苦荞酒和四川的白云池苦荞酒等品牌，市售的苦荞酒是用酒曲白酒酿造工艺，经发酵和陈酿得到的白酒，酒液中黄酮类物质含量均在50mg/L以上。由于蒸馏工艺对于黄酮类物质的损失量较多，因此现如今对于荞麦酒的研究以研究酿造酒为主。

随着生活水平的提高、健康理念的普及和对饮食健康的关注，未来的酒类消费更趋向于理性。国内外市场对兼具口感享受和健康功效的天然保健酒的需求日益增大，荞麦酒产业面临着诸多的机遇与挑战，急需对其酿造工艺进行系统研究，明确发酵过程活性成分之间的转化及机理，提高产酒得率，优化澄清工艺，最大程度地保留原料中的有效功能活性成分，并对荞麦白酒的保健功能进行综合评价，加快其产业化的开发进程，使我国荞麦保健酒的产业得以健康良好的发展。

第二节　荞麦白酒的生产工艺

荞麦白酒工艺优化的目的是将荞麦原料中的营养和功能成分更多的转移到酒体中，通过发酵，将淀粉、蛋白质等分解为多糖、多肽及氨基酸等小分子活性物质，提高人体的吸收利用率，并通过微生物代谢，增加荞麦酒的营养价值和保健价值。目前荞麦白酒的制备工艺大致分为固态法、固液结合法、液态法。

一、固态发酵荞麦白酒

固态发酵是微生物在没有或基本没有游离水的固态基质上的发酵方式，固态基质中气、液、固三相并存，即多孔性的固态基质中含有水和水不溶性物质。大多数名优白酒采用固态发酵法，采用传统的固态发酵法酿造荞麦白酒，糖化和发酵同时进行，然后进行蒸馏，优点是酒液澄清透明，纯度和酒度高，但是目前白酒的传统固态发酵，发酵周期长，而且发酵后需要经过较长时间的蒸馏，工序复杂。固态发酵荞麦白酒工艺流程为：

```
              配料 → 预处理
荞麦预处理 → 润料 → 蒸料 → 摊凉 → 加酒曲 → 培菌 → 发酵 → 蒸馏 → 原酒 →
勾兑 → 包装 → 成品
```

在固态发酵中根据发酵剂不同分为以下几种工艺。

1. 大曲发酵苦荞白酒

为了解决现有荞麦酿制的酒为酱香型而非清香型，而清香型白酒用高粱而非荞麦进行酿制，导致白酒营养成分低，不能够起到保健功效的问题，提出了一种荞麦酿造的清香型大曲酒的方法。

（1）工艺流程

原料处理 → 润粮蒸粮 → 加水出甑并入池发酵 → 出池加辅料并蒸馏 → 出甑后入池再发酵

（2）操作要点

①原料处理。选籽粒饱满无霉变、无虫蛀的荞麦粉碎，粉碎粒度为整粒的一瓣，通过1mm筛孔的细粉≤30%，除杂。

②润粮蒸粮。将精选的荞麦加入70~90℃热水浸润，加水量为原料的50%~60%，原料吸足水分后堆积16~20h，在堆积过程中翻堆2~3次，当用手搓荞麦成粉，中间无硬心时即可进行蒸粮，将润好的粮再翻拌一次然后准备上甑，先在甑上撒2~3cm厚的稻壳，然后装一层粮，待蒸汽上均匀后再装一层粮，上完粮后加入粮食重量3%的水，泼在料层表面，然后蒸60~80min。

③加水出甑并入池发酵。蒸熟的粮出甑后，加原料荞麦质量20%~40%的水，捣碎粮食结块，自然冷却至10~20℃时加曲搅拌均匀，加曲量为原料荞麦的9%，曲为清香型中温大曲，然后将拌好的料入池发酵，在料上盖一层塑料薄膜，再加盖厚棉被压实，控制发酵温度为10~35℃，发酵23d。

④出池加辅料并蒸馏。将发酵好的酒醅运至甑边，在酒醅中均匀加入酒醅质量15%~25%的提前蒸熟的稻壳，将成熟酒醅和稻壳的混合物按照探汽上甑的方法装甑，在甑帘上先撒2~3cm厚的稻壳，然后将成熟酒醅和稻壳的混合物撒上，待蒸汽逸出时，边上汽边上料，装甑完毕，迅速盖上甑盖蒸酒；装甑蒸馏时间：装一甑用时35~40min，流酒25~35min，流酒温度为22~30℃；蒸酒完毕后，敞口排酸5~10min，然后截头去酒尾获得荞麦原浆酒。

⑤出甑后入池再发酵。蒸馏获得荞麦原浆酒后的酒醅为高营养饲料，将该酒醅再次加入酒醅质量25%~35%的原粮荞麦，再次发酵蒸馏。

该酿制方法简单，使用设备不繁杂，便于推广。

2. 小曲发酵苦荞白酒

川法小曲白酒是我国固态法小曲白酒的代表，历史悠久，在西南、中南各省深受喜爱，主要以本地荞麦、高粱、玉米、小麦、大麦、青稞等为生产原料，选用川法小曲白酒的工艺，以整粒苦荞为主要原料并配其他粮食为辅料，经泡粮后以固态形式蒸煮、培菌糖化、发酵、蒸酒。

（1）工艺流程

配料 → 泡粮 → 蒸煮 → 培菌糖化 → 发酵 → 蒸酒

（2）操作要点

①配料。酿酒应采用颗粒饱满、无霉烂、干净无沙石的原料（苦荞60%、大米20%、高粱10%、小麦10%）。

②泡粮。预先把泡粮用的不锈钢槽子清洗干净，然后加入温度适宜的热水（苦荞82℃、大米28℃、高粱40℃、小麦50℃），再将称量好的粮食倒入热水中，上下搅拌一下保证上下的温度一致。泡粮时间在16~18h，泡粮完成后提前放出泡粮水，沥干。

③蒸煮。蒸煮是小曲酒生产的重要步骤，是培菌糖化、发酵的基础。清理干净甑桶，先铺一层稻壳，然后将泡好的粮食按照蒸粮的难易程度分层装入甑桶中进行蒸粮，容易蒸煮的最后放，较难蒸煮的最先放入。原料的蒸煮分为三个阶段，分别是初蒸、闷粮、复蒸。其中，初蒸时间是50min左右，闷粮8min，然后复蒸70min。以达到柔熟泫轻，水分适当，粮粒破裂均匀、软硬一致。

④培菌糖化。培菌是使处于休眠的根霉、酵母在适宜的熟粮上生长繁殖，以恢复菌的活性和增加菌的数量。将蒸好的粮醅出甑后放在摊凉床上，翻粮快速降温，当温度达到40℃左右时，开始分三次下曲（根霉曲与产醋醋母曲按47∶3比例混合后添加6%的酒精酵母制成小曲），第一次下曲温度在38~40℃，第二次下曲温度在34~36℃，第三次下曲温度在30~33℃。总下曲量控制在总原料质量的0.5%。下曲完成后快速搅拌均匀，做成箱状。表面盖上上轮的发酵完成的配糟，以保持箱上的温度，收箱的温度控制在28℃左右。收箱后培菌糖化24h出箱，此时培菌糟应该具有粮食的甜香味、无酒气。

⑤发酵。固态小曲发酵是边糖化边发酵的过程。将原料中的淀粉转化成可发酵性糖被酵母利用产出酒精和香气物质。操作方法是：将发酵罐清洗干净，取上一次留下的配糟，加入一定量的糖化酶，然后平铺到发酵罐的底部踩实。将培菌糖化粮醅与配糟拌匀，混合装罐。边装罐边踩实，尽量排除发酵罐里的空气。待全部物料装罐完成后，表面再盖一层温度在40℃左右的面糟。然后把不锈钢罐盖好，用泥把发酵罐和盖的边缘封好，将出口的阀门打开，放好温度计，便于查看发酵过程中的温度变化。装完罐后的管理有以下两点。一是湿润

封罐泥，用清水浇洒在封罐泥上，用铁锹将缝隙抹平，防止气体、杂菌、污水等有害物质进入。夏季天气干燥时，清罐次数要多一些，每天2~3次，冬天封罐泥每天湿润1~2次。二是定时检查发酵罐的温度和吹口情况，发酵的温度和吹口情况反映着发酵的过程，因此每天检查发酵温度和吹口情况是很重要的。发酵过程中升温情况：入罐的温度在28~30℃，发酵24h后升温到35~38℃，发酵48h温度再上升2~3℃，维持一段时间，温度开始下降，到72h温度下降到33~35℃。72h后关闭发酵罐上的放气阀，开始酒的主发酵期。发酵周期为7d。

⑥蒸酒。生香靠发酵，提香靠蒸馏，蒸馏是酿造工序的最后一步，也是检验出酒率高低、酒质量的好坏的重要一环。本工艺采用清蒸法蒸酒，其操作是将发酵好的酒醅从发酵罐内取出来，轻倒到甑内，并且要均匀的铺开，尽量保证疏松度一致。上甑时蒸汽要大，探汽上甑，蒸酒时要缓缓蒸酒。取酒时要截去酒头和酒尾，取中间的部分。蒸馏得到的酒酒精度在55%~60%。

3. 麸曲发酵荞麦白酒

麸曲是固态发酵法酿造麸曲白酒的糖化剂。麸曲是以麸皮为主要原料，以糠谷、酒糟及豆饼为配料，经调水、蒸煮、冷却后，接入曲盘固体培养的糖化种曲，采用机械式通风制曲池固体深层培养制成。麸曲酒是白酒中产量最高的酒种，其优点是原料简单、成本低、固体深层通风培养时间短、成品曲糖化力高、酿酒原料适应性强、发酵时间短，出酒率高等，但麸曲酒酿酒发酵时麸曲用量较大，而麸皮来源紧张，且保藏期短、产品的风格略差，加之麸曲酒的质量不及大曲白酒，故其产品在市场上不占优势，一般为中低档白酒，但质量上乘者已进入国家优质酒的行列。

（1）工艺流程

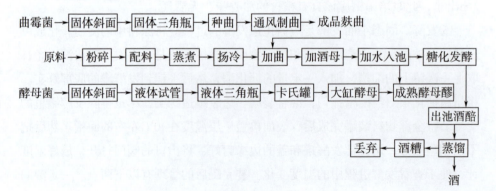

（2）操作要点

①原料粉碎。为了提高出酒率和酒质，粉碎的原料应能通过1.5~2.5mm的筛孔。

②配料。是白酒生产的重要环节，配料时要根据原料品种和性质、气温条件、生产设备、糖化发酵剂的种类和质量等因素合理配料。要从产量和质量两方面确定合理配料，包括粮醅比、粮糠比、粮曲比、加水量。一般普通酒工艺的粮醅比要求在1:4，普通白酒的粮糠比较大，在20%以上；优质酒尽量少用糠，在20%以下为好，用曲的多少主要依据曲的糖化力和投入原料的用量，加量水要均匀、准确。

③蒸煮。粮谷类及野生原料蒸煮45~55min。煮要"熟而不黏，内无生心"。原料水分大、酸度高可促进糊化，原料在蒸煮前预先润料2~4h，以缩短蒸煮时间。

④扬冷。目前普遍采用带式凉渣机进行连续通风冷却。凉渣后，要求料温的降低温度与气候有关。气温在5~10℃，料温降到30~32℃；气温在10~15℃时，料温降到25~28℃。

⑤加曲、加酒母。渣醅冷却到适宜温度即可加入麸曲、酒母和水，搅拌均匀。入池发酵。加曲温度一般在25~35℃，冬季加曲温度比入池温度高5~10℃，夏季加曲温度比入池温度高2~3℃，一般用曲量为原料量的6%~10%。酒母用量一般为投料量的4%~7%，1kg酒母原料醪可以加入30~32kg水，拌匀后泼入渣醅进行发酵。

⑥加水入池。一般入池温度应在15~25℃，入池淀粉浓度一般控制在14%~16%，粮谷原料入池酸度为0.6~0.8g/L，入池水分在57%~58%。

⑦糖化发酵。采用泥巴封池，也有些厂采用塑料薄膜封池。在气温高时，更应严密封池，并可适当进行踩醅。

⑧蒸馏。目前主要用土甑及罐式连续蒸酒机进行蒸馏。使用土甑蒸馏，要"缓汽蒸酒""大汽追尾"，流酒速度为3~4kg/min，流酒温度控制在25~35℃，并根据酒的质量掐头去尾。罐式连续蒸酒机在蒸馏时的整个操作是连续进行的，因此在操作时应注意进料和出料的平衡，以及热量的均衡性，保证料封严密，防止跑酒。

⑨人工催陈。刚生产出来的酒口味欠佳，一般都需要贮藏一定时间，可以

利用人工热处理或微波处理的办法促进酒的老熟。

4. 大小曲混合发酵苦荞酒

大小曲混合用于苦荞酒酿造，能够使酿酒微生物中毛霉、根霉、黑曲霉、青霉等糖化力、发酵力强的菌种充分发挥作用，可以实现小曲发酵产酒多，大曲发酵生香多的目标，使两者优势互补，既保持了出酒率高的优点，又显著提高酯香微量成分和酒质，从而实现在发酵结束时达到残糖低、产酒率高、香味浓郁、酒质好的理想效果。

为了弥补苦荞白酒酿造生产中单一使用酒曲而造成工艺不完善或者酒质较薄的问题，人们研发出了大小曲混合发酵苦荞酒的酿造工艺：以苦荞为原料，经多菌种培制的大曲和小曲混合进行发酵，外加黄酒淋醅和荷叶垫池的工艺。

（1）工艺流程

苦荞 → 浸泡 → 初蒸 → 淋洗 → 复蒸 → 摊凉 → 加高温曲 → 加小曲 → 糖化 →

配糟 → 入窖 → 泼黄酒 → 盖荷叶 → 发酵 → 出窖 → 蒸馏 → 贮存 → 加黄酒勾调 →

贮存

（2）操作要点

①浸泡。苦荞入泡粮池，加水淹没苦荞约20cm，85℃水浸泡12h，根据水温高低适当调节泡粮时间。

②初蒸。将浸泡的苦荞置入蒸锅，打开蒸汽，边蒸边翻拌，蒸至苦荞壳开小口。

③淋洗。关闭蒸汽，用水淋洗苦荞，边洗边翻拌，除去苦荞表面的灰尘等杂质。

④复蒸。重新打开蒸汽，蒸至苦荞壳有一半开口。

⑤加高温曲。将苦荞运至摊晾床，降温至50℃左右时，加入高温曲，拌匀。

⑥加小曲。待温度降至35℃左右时，加一半小曲，拌匀，降至30℃左右时，加另一半小曲，拌匀，摊晾和上箱在2h内完成，防止杂菌感染，以免影响培菌。

⑦糖化。上箱温度为30℃左右，经20~26h后温度达到45℃左右时即可出箱。

⑧配糟。按苦荞数量以1∶1.2比例配酒糟。

⑨泼黄酒。入窖完毕后，在酒醅表面均匀泼洒黄酒。

⑩盖荷叶。在酒醅表面盖上一层荷叶。

⑪发酵。入窖温度控制在22℃左右，发酵前3d时，酒醅上层温度升至27℃，然后逐渐下降，最后出窖温度为23℃左右。

⑫蒸馏。每个窖池分两甑进行蒸馏，每甑蒸馏时间为1h左右，接酒至50%vol，剩下的做尾酒。

该生产工艺综合大小曲的优点，酿造出了具有独特营养价值，色香味俱佳的苦荞酒。通过对小曲发酵和混曲发酵苦荞酒的比较分析，发现混曲发酵苦荞酒出酒率为42.0%、原酒中总酸为1.1g/L、总酯为3.2g/L。与单一使用小曲进行发酵相比，出酒率提高7.7%、总酸提高120%、总酯提高100%。经气相色谱-质谱（GC-MS）分析得出：甲醇、杂醇油比单一使用小曲进行发酵均有所降低，乙酸乙酯、乳酸乙酯、丁酸乙酯以及各种酸类均有提升。

5. 其他曲发酵苦荞白酒

传统的荞麦酒受蒸馏条件的限制，酒体中黄酮含量低，导致荞麦酒中功能性成分较少，而非蒸馏酒可以将发酵醪液的功能成分更多地保留在酒中，提高荞麦酒的品质。而在现代荞麦酒酿造工艺中，采取以酶代曲、采用高活性干酵母，缩短发酵时间，提高原料的利用率，来改善酒的口感和风味。

下面介绍酵母发酵制得苦荞白酒的工艺，其主原料为苦荞，通过荞麦熟制脱壳增香，经过流化床以后，使该酒拥有苦荞的苦荞香味，开创了白酒又一香型——荞香型白酒；酒体也具有苦荞特有的黄酮颜色——黄色，并且还将苦荞中的有效醇溶性营养成分如黄酮等提取物添加到了白酒中，再将苦荞剩余的淀粉类物质重新通过固态发酵法酿酒，既解决了苦荞营养成分在酿造过程中被破坏和流失的难题，又充分利用了苦荞原料。

（1）工艺流程

苦荞 → 清洗 → 浸泡 → 蒸煮、脱壳 → 烤制 → 密封泡制、搅拌 → 过滤 →

分离 → 蒸馏 → 基酒

（2）操作要点

①蒸煮、脱壳。将苦荞蒸熟，无白心以后，烘干至含水量为15%，脱壳，

得苦荞米。

②烤制。将苦荞米经过流化床增香烤制，温度控制在230～250℃，时间控制在5～6min。

③密封泡制。首次制作是用传统的蒸馏酒作为基酒，后续制作是用步骤⑤中的基酒，在基酒中加入其质量的17%的步骤②制好的苦荞，密封并浸泡。

④搅拌。在泡制过程中，每隔1d，对浸泡液进行搅动，达到均匀，并1次加入1~2g的冰糖进行调味。

⑤过滤、分离。待浸泡5～15d以后，将苦荞酒液进行分离过滤，滤液即是苦荞酒。

⑥蒸馏、基酒。过滤后的滤渣按其重量加入马铃薯（60%）、高粱（40%）、酒曲（1%），按固态发酵法酿酒。经过蒸馏以后，蒸馏液作为基酒，用于步骤3。

二、固液结合发酵荞麦白酒

固液结合发酵，也称半固态发酵，先采用固态培菌糖化，再于半固态、半液态下发酵，而后蒸馏制成白酒。与传统固态法白酒生产比较，固液结合法具有以下特点：出酒率高，能节粮降耗，大幅度降低成本，经济效益高；机械化程度高，周期短，效率高；食用酒精比固态法白酒杂质少，安全卫生；白酒的可塑性强，可根据市场需求和不同消费者的口味特点，及时开发新品种。

1. 工艺流程

原料 → 浸泡、蒸煮 → 扬冷、拌曲 → 入缸固态培菌糖化 → 半固态发酵 → 蒸馏

2. 操作要点

（1）浸泡、蒸煮　荞麦浸泡20min后，用清水淋洗干净并沥干。荞麦入甑，待圆汽后再常压下初蒸15～20min。然后第一次泼入为荞麦量约60%的热水，并上下翻倒几次，上盖待圆汽后再蒸15～20min，再进行第二次泼水，水量为荞麦量的40%左右，翻匀、加盖圆汽后再蒸20min。要求荞麦粒熟而不黏，荞麦粒含水量为60%～63%。

（2）扬冷、拌曲　将荞麦打散、扬冷后，即可拌曲。加曲条件如表5-1所示。

表5-1　固液结合发酵荞麦白酒的加曲条件

室温	加曲温度	原料用曲量	室温	加曲温度	原料用曲量
10℃以下	38~40℃	1.5%	20~25℃	31~33℃	1.0%
15~20℃	34~36℃	1.2%	20~25℃	31~33℃	0.8%

（3）入缸固态培菌糖化　每缸投入荞麦量为15~20kg，厚度为10~13cm，夏薄冬厚。在荞麦层中央挖一个呈喇叭形的穴，以利于通气及平衡品温。待品温下降至32~42℃时，用簸箕盖好，并根据气温做好保温或降温工作。

通常在入缸后，夏天为5~8h，冬天为10~12h，品温开始上升。夏天经16~20h，品温升至38~42℃，冬天需要24~26h才升至34~37℃。这时可闻到香味，饭层高度下降，并有糖化液体流入穴内。糖化率达70%~80%，这时应立即加水。如果过早加水，则由于酶系形成不充分，影响出酒率。如果延长培菌糖化时间，则出酒率也较低，且成品酒酸度过高而风味差。

（4）半固态发酵　培菌糖化后，根据室温、品温及水温，加入为原料量120%~125%的净水，使品温为34~37℃。正常情况下，加水拌匀后的酒醅，其糖分为9%~10%，总酸不超过0.7，酒精体积分数为2%~3%。然后，小缸转入大醅缸，用塑料薄膜封口，并做好保温或降温工作。发酵期为5~7d。成熟醅的酒精体积分数为11%~12%，总酸为0.8~1.2，残糖在0.5%以下。

（5）蒸馏　成熟酒醅转入蒸馏锅或蒸馏釜，再加入上一锅的酒头和酒尾。上盖，封好锅边，连接过汽筒及冷却器后，开始蒸馏。火力要均匀，以免焦醅或跑糟，影响品质。冷却器上面的水温不能超过55℃。先摘除酒头0.5~2.5kg。如果酒头呈黄色并有焦气和杂味等现象时，应将酒头接至合格为止。再接中酒，待混合酒精含量为58%时，接为酒尾。

三、液态发酵荞麦白酒

液态法荞麦白酒是以荞麦等原料，经液态发酵、蒸馏成食用酒精的工艺路线，再经串香、勾兑、调配而成的白酒。有调香法、串香法和固液结合法，或者相互移植、渗透而生产的多种工艺。因液态法白酒的工艺先进，所以又有新工艺白酒之称，它是采用现代化的酒精生产工艺，产出符合质量标准的酒精，再加工或改制成的白酒。这类白酒具有出酒率高，节约粮食，成本较低，有害杂质少，卫生安全等优点，但是发酵工艺不成熟，产生的白酒口感淡薄，后味不足。目前，荞麦酒液态发酵工艺较为简便，机械化程度高。

工艺流程如下。

大曲 → 粉碎 → 活化 ↓

高粱、玉米、小麦、荞麦 → 粉碎 → 加水（荞麦：水＝1：3）→ 接种 → 搅拌 →

糖化和发酵 → 蒸馏 → 酒精

四、其他类型荞麦白酒

浸泡型荞麦酒是将荞麦加入基酒中浸泡制得的，或者直接将荞麦提取物加入基酒混合制得的，其优点是工艺简单，成本较低。

其工艺流程主要有以下两种：

原料 → 粉碎 → 浸泡 → 过滤 → 成品

原料 → 粉碎 → 提取 → 混合 → 成品

苦荞的可发酵性低于甜荞。初期的研究和发明大多以浸泡配制型苦荞酒为主。普通荞麦白酒生产酿造过程导致芦丁和其他活性物质分解破坏、白酒中芦丁含量微乎其微，无法实现荞麦的药食两用功能，浪费了荞麦资源。因此，利用普通白酒生产设备和工艺，只调整原料配方，在荞麦发酵之前粗提取食品芦丁等可溶混合物，发酵结束回添芦丁溶液，不另加添加剂，以确保荞麦芦丁白酒的纯天然品质和食疗保健功效。其特征是在荞麦发酵之前粗提取芦丁，发酵结束再回添芦丁，防止发酵生产过程中分解破坏荞麦芦丁，产生苦味物质。

（1）工艺流程

灭酶荞麦粗提芦丁 → 发酵生产 → 回添芦丁 → 生产检验

（2）操作要点

①灭酶荞麦粗提芦丁。在荞麦发酵之前粗提取食品芦丁混合物，按生产配方的需要称取灭酶荞麦或灭酶荞麦初加工产品，用水或2%~70%的食用乙醇

溶液，在温度40~100℃下提取2~30min。其中，原料与液体的质量比例为1：
（3~10），期间不断搅拌，当温度升至70℃沉淀过滤、浓缩、冷却得到粗芦丁
结晶混合溶液。

　　②发酵生产。添加荞麦酿造的芦丁白酒是直接利用现在白酒生产企业的设
备和生产工艺，只调整原料配方生产的，荞麦占原料中粮食的3%~30%，粗提
芦丁后的荞麦进入发酵或酿造生产工艺生产。

　　③回添芦丁。在发酵或酿造结束的白酒半成品中回添芦丁，将粗芦丁结晶
混合溶液加热溶解后再加入白酒半成品中的环节。

　　④生产检验。将粗芦丁结晶混合溶液加入白酒中发酵或在酿造结束的半
成品中混合、均质、生产包装、灭菌、检验，然后将检验合格的产品装箱
入库。

第三节　荞麦白酒的功能活性

　　作为荞麦白酒的原料，荞麦是营养丰富的粮食品种，荞麦无论是籽粒还是
茎叶，营养价值都很高。荞麦脂肪、蛋白质、维生素、微量元素含量普遍高于
其他农作物，经常食用荞麦有助于清除有害物质，减少疾病发生。

一、荞麦白酒的抗氧化活性

　　荞麦含有丰富的维生素E和可溶性膳食纤维，同时还含有烟酸和芦丁（芸
香苷），芦丁有降低人体血脂和胆固醇、软化血管、保护视力和预防脑血管出
血的作用。研究发现，发酵酒的抗氧化能力主要体现在其含有多酚物质，发酵
原料的酚类物质是酒中多酚的主要来源上。由于蒸馏工艺的限制，黄酮类功能
成分大多留在酒糟中，在苦荞白酒中基本未检测到，酒的抗氧化活性也十分微
弱。为了给传统苦荞酒的生产工艺和产品创新提供有益的借鉴，从苦荞蒸馏酒
酒糟中提取和纯化苦黄酮类物质，最终测定苦荞白酒中芦丁、槲皮素和异槲皮
苷含量分别为20.1%、18.8%和1.56%，添加黄酮后的38% vol和53% vol苦荞酒，
其DPPH自由基清除率分别达到95.17%和95.50%，是强化前的19.7倍和9.7倍；

总抗氧化能力分别达到了28.98FeSO$_4$mmol/mL和36.5FeSO$_4$mmol/mL，效果十分显著。该强化处理的苦荞白酒，酒体口感更醇厚，且品质无任何不良影响。

此外，荞麦不同种类和不同部位的总酚和总黄酮含量有显著性差异，而多酚、黄酮含量与其抗氧化能力之间呈线性相关，苦荞麸皮主要以自由酚为主，抗氧化活性最强。为充分利用荞麦麸皮，变废为宝，将苦荞麸皮以固液比1∶25g/mL在60% vol白酒中浸泡5h时，可得到黄酮含量为3%，荞麦麸皮泡酒的感官评价均良好。

二、荞麦白酒的降血脂活性

许多研究表明，荞麦含有芦丁、多肽，对预防和治疗心血管疾病有积极作用。荞麦白酒是以优质传统白酒为酒基，添加来自四川凉山苦荞中提取的功效成分，组合配制而得的一种保健白酒，其既保持了传统白酒的香味属性，同时也赋予了一定的保健功能，有报道称，适当饮用苦荞白酒具有一定的辅助降血脂功能。

第四节　荞麦白酒产品

一、清香型荞麦大曲酒

原料：水、荞麦，制得的产品色泽清亮透明，带有以乙酸乙酯为主的香气并有浓郁的荞麦复合香气，绵甜爽口，口中留香较长。

二、浓香型荞麦白酒

原料：水、高粱、小麦、玉米、大米、糯米、苦荞，制得的产品香气优雅芬芳、口感绵柔尾净。

三、荞香型荞麦白酒

原料：水、黑苦荞、苦荞、高粱，制得的苦荞白酒气味芬芳醇厚，入口清爽纯净，乙醇含量较高，使苦荞酒具有苦荞的营养元素和特色。

四、多粮型青稞苦荞白酒

原料：糯高粱30%~45%、糯米15%~35%、大米15%~35%、蒸熟的青稞10%~25%、苦荞10%~20%、玉米6%~15%，制得的产品综合利用青稞和苦荞的营养成分，并能融合二者独有的香味。

五、毛铺苦荞酒

原料：苦荞、葛根、枸杞、山楂、木瓜、罗汉果，制得的产品产酒率高、香味浓郁、酒质好，主要价值为健脾益气、开胃宽肠、消食化滞、除湿下气；能降低人体血脂和胆固醇、软化血管、保护视力和预防脑血管出血；促进机体新陈代谢，增强解毒能力，具有抗栓塞的作用；具有抗菌、消炎、止咳、平喘、祛痰的作用。

参考文献

[1] 曹冉.荞麦酿造酒及后处理过程中黄酮类物质变化规律的研究[D].石家庄：河北科技大学，2019.

[2] 车利伟.苦荞小曲酒生产工艺研究及工厂工艺设计[D].天津：天津科技大学，2015.

[3] 陈佳昕，赵晓娟，吴均，等.苦荞酒液态发酵工艺条件的优化[J].食品科学，2014，035（011）：129-134.

[4] 陈清艳.荞麦酒的研究现状[J].食品工业，2015，36（11）：247-251.

[5] 池彬，周火玲，蔡雄.多菌种大小曲在监粮荞酒生产工艺的研究与运用[J].酿酒科技，2018（08）：101-107.

[6] 姜莹.发酵罐生产荞麦酒及酒中风味成分的研究[D].贵阳：贵州大学，2017.

[7] 林巧，阿库巾伍，蔡利，等.马铃薯低度白酒酿造研究[J].现代食品，2019（15）：53-59.

[8] 刘占奇，李梦，黄梦明，等.响应面法优化液态法白酒生产工艺[J].酿酒，2019，46（6）：51-54.

[9] 唐取来.米香型白酒新工艺的研究[D].天津：天津科技大学，2016.

[10] 童国强, 杨强, 乐细选, 等. 辅助降血脂与降血糖功能白酒的研制[J]. 酿酒科技, 2018,（7）: 42-43, 51.

[11] 万萍, 胡佳丽, 朱阔, 等. 固态法酿造苦荞白酒工艺初探[J]. 成都大学学报（自然科学版）, 2012（02）: 30-33.

[12] 尉杰, 陈庆富, 郭菊卉. 普通荞麦发芽种子的液态发酵荞麦酒工艺研究[J]. 中国酿造, 2014, 33（08）: 43-46.

[13] 杨海锋. 荞麦酿造清香型大曲酒的方法[P]. 中国, 105400645 A, .2016-03-16.

[14] 郑鉴忠, 郑婧, 巫才会. 添加荞麦酿造的芦丁白酒生产方法[P]. 中国, 103074188A, 2013-05-01.

[15] 周清华, 林巧, 袁健. 高黄酮含量苦荞蒸馏酒的研究[J]. 食品安全导刊, 2018, 218（27）: 186-189.

第六章

荞麦黄酒

中国是酿酒历史最悠久的国家之一，以独具风格的黄酒和白酒闻名于世。啤酒和葡萄酒是外来酒种，只有100余年的历史。白酒在元代开始普及，其酿造工艺是在黄酒酿造工艺上发展起来的，在此之前，黄酒一直是中国的主流酒种。黄酒是以谷物为原料，由多种微生物参与酿制而成的一种低酒度发酵原酒，保留了发酵过程中产生的各种营养成分和活性物质，具有极高的营养价值。随着人们生活水平的提高和保健意识的增强，黄酒特有的绿色、营养、保健功效受到越来越多消费者的青睐。

第一节　概述

一、黄酒的历史与沿革

黄酒是我国历史最悠久的酒种，与啤酒、葡萄酒并称世界三大古酒。黄酒起源于何时，从古至今众说纷纭。

相传夏禹时期的仪狄发明了酿酒。公元前2世纪史书《吕氏春秋》云："仪狄作酒。"汉代刘向编辑的《战国策》则进一步说明："昔者，帝女令仪狄作酒而美，进禹，禹饮而甘之，曰：'后世必有以酒亡其国者'，遂疏仪狄，而绝旨酒。"

中国是最早掌握酿酒技术的国家之一。用酒曲酿酒、双边发酵是中国黄酒的特色，区别于西方用发芽的谷物糖化自身淀粉然后加入酵母发酵成酒的酿造方式。曲是我国古代劳动人民的伟大发明，于19世纪传入西方，奠定了酒精工业和酶制剂工业的基础，并为现代发酵工业的发展做出了巨大的贡献。日本著名微生物学家坂口谨一郎认为：中国发明酒曲，利用霉菌酿酒，可与中国古代四大发明相媲美。

黄酒是中国传统酒种，也是中国瑰宝和酒中珍品。中国黄酒有着悠久的历史，产地分布较广，品种繁多。黄酒以大米、糯米、玉米、小米等为主要原料，经蒸煮、加曲、糖化、发酵、压榨、过滤、煎酒、贮藏、勾兑而成。黄酒作为中华民族独特的酒种，口感非常温和，香气醇厚，具有极高的营养价值，特别适合于中老年人和妇女饮用，对治疗乳腺癌有特殊的疗效。另外，黄酒还可作为烹调用料酒，具有去除不良气味的作用。

黄酒在我国有着悠久的历史，其发展比白酒要早，在远古时期，人们就已经用发酵的粮食作物制作黄酒，据国内学者研究考证：黄酒酿造起源于龙山文化时期，黄帝以前已有以米为原料酿酒的传说，人类形成各种喝酒习俗。《齐民要术》及《北山酒经》等都详细记载了古代黄酒生产中制曲和酿酒技术。

汉代《淮南子》"清醠之美，始于耒耜"，即黄酒的发展和农业的发展是同步进行的。中国的葡萄酒起源和黄酒一样早，葡萄酒在国外发展比较广泛，在中国黄酒的发展比较好。在国外，酿制酒主要以啤酒和葡萄酒为主，鲜有黄酒的记载。后来人们开始用大麦和啤酒花来酿造啤酒，形成世界公认的三大古酒：葡萄酒、黄酒和啤酒。随着白酒和啤酒的兴起，黄酒的发展逐渐没落，主要集中在南方发展，南方自古有家酿黄酒的习惯。酿好的黄酒埋于地下，待女儿出嫁时或者儿子金榜题名之时挖出饮用，称之为女儿红或者状元红。家家都有喝黄酒的习惯。许多人家将黄酒与花椒、大料、八角等香料合用于酿制烹调用料酒。

中国黄酒产业以南方的工厂化生产为主，以大米为主要原料，采用现代化生产工艺、先进的生产设备生产黄酒，黄酒的品质得到了稳定与提高，黄酒的产业得到了蓬勃的发展。在北方地区则以黍米为主要原料，黄酒发展也很迅猛，但以小作坊、家庭式生产为主，生产条件较差，生产质量无法保证。

黄酒有着丰富的文化内涵，在数千年前，就有了酿酒的历史，并开始饮用黄酒，中老年人和妇女适量饮用能起到强身健体的作用。《本草纲目》还有将黄酒作为药引的记载，人们还将黄酒和香料混合制作料酒，现代人渐渐意识到高度白酒对于身体的危害，许多人开始习惯饮用黄酒来代替白酒，甚至将黄酒作为药酒的酒基用来炮制养生酒，现代的加工技术和包装技术大大延长了黄酒的品质和保质期，黄酒渐渐得到和白酒齐头并进的地位。

二、黄酒的分类

1. 按原料分类

（1）稻米黄酒　包括糯米酒、粳米酒、籼米酒、黑米酒等。

（2）非稻米酒　包括黍米酒、玉米酒、荞麦酒、青稞酒等。

2. 按产品风格分类

（1）传统型黄酒　以稻米、黍米、玉米、小米、小麦等谷物为原料，经蒸煮、加曲、糖化、发酵、压榨、过滤、煎酒、贮藏、勾兑而成的酿造酒。

（2）清爽型黄酒　以稻米、黍米、玉米、小米、小麦等谷物为原料，加入酒曲（或部分酶制剂和酵母）为糖化发酵剂，经蒸煮、糖化、发酵、压榨、过滤、煎酒、贮藏、勾兑而成的、口味清爽的黄酒。

（3）特种黄酒　由于原辅料和（或）工艺有所改变，具有特殊风味且不改变黄酒风格的酒，如状元红酒（添加枸杞子等）、低聚糖酒（添加低聚糖）。

3. 按含糖量分类

（1）干黄酒　总糖含量≤15.0g/L的酒，如元红酒。

（2）半干黄酒　总糖含量在15.1~40.0g/L的酒，如加饭酒。

（3）半甜黄酒　总糖含量在40.1~100g/L的酒，如善酿酒。

（4）甜黄酒　总糖含量>100g/L的酒，如香雪酒。

4. 按工艺分类

（1）淋饭酒　淋饭酒因将蒸熟的米饭用冷水淋冷的操作而得名。其特点是用酒药为糖化发酵剂，米饭冷却后拌入酒药、搭窝培菌糖化，然后加水和麦曲进行糖化发酵。

（2）摊饭法　将蒸熟的米饭摊在竹簟上冷却，现在基本上采用鼓风机吹冷到落缸温度要求，然后将饭、水、曲及酒母混合后直接进行糖化发酵。绍兴加饭酒、元红酒都为摊饭酒。

（3）喂饭酒　将酿酒原料分为几批，在发酵过程中分批加入新原料继续发酵。浙江嘉善黄酒和日本清酒都用喂饭法生产。

三、黄酒酿造基本知识

黄酒是以稻米、黍米等为主要原料，经加曲、酵母等糖化发酵剂酿制而成的发酵酒。以绍兴加饭酒、元红酒为例，其酿造工艺流程为：

浸米 → 蒸饭 → 落缸 → 开耙 → 后发酵 → 压榨 → 煎酒 → 成品黄酒

（一）黄酒的生产方法

黄酒的生产方法不同于啤酒、葡萄酒和白酒，具有自己独特的特点。我国的黄酒酿制具有几千年的历史，采用大曲发酵的方法生产。酵母也是黄酒发酵的主要影响因素。传统的酿酒酵母，通过各种自然条件的繁殖，有利于微生物的发酵，是一种多菌发酵剂。如小麦、秸秆是酒曲中微生物发酵的主要来源，地面和空气是主要生产环境，再控制水分、温度和通风等条件培养而成酒曲。这是酵母代代相传的作用，经过良种繁育和驯化。各种微生物在自然繁殖中对酵母、酒精发酵和黄酒的生产是非常有用的，参与黄酒发酵的有数十种微生物，这些微生物活动对形成黄酒的色香味极其有益，在黄酒发酵过程中还要注意避免有害微生物的干扰，使黄酒变质及品质变差等。

先进的生产设备及技术是生产黄酒的关键，自动化机械化生产主要用于原料浸泡、蒸饭、前酵、后酵、榨酒、滤酒、杀菌、贮酒、灌装、包装等工艺中。当然熟练的技术工人也非常重要，传统的黄酒生产工匠掌握着黄酒生产的秘诀，现在这样的工匠越来越少了，也影响到了黄酒产业的发展。

现代机械化工艺技术与传统工艺都在进行着新老交替。在著名的黄酒新工艺生产中，为了提高黄酒的风味，使用纯种熟麦曲和传统生麦曲协同发酵。我们现在采用国外先进的接种方法、包装技术及发酵设备，实现优质黄酒风味，提升黄酒的产品稳定性；国外的先进技术采用人工培养箱来代替传统的自然发酵，采用机械设备来代替手工操作，避免操作过程中的污染。也有将正常发酵的黄酒进行微波真空加热处理，提高出酒率。在酒曲的选择上，采用纯小麦制曲，纯酵母发酵等制作黄酒。改进技术后，黄酒的色香味及保质期都得到了很好的保障。黄酒工人的熟练程度、生产车间环境和工人自身的卫生条件也影响到黄酒的品质及保质期。

（二）黄酒的色、香、味物质

黄酒复杂的发酵过程，造就了黄酒复杂多变的色、香、味。黄酒中的糖、氨基酸等复杂的美拉德反应形成了黄酒中的色泽，另外黄酒中添加的苦荞、黄精、枸杞等也形成黄酒复杂的颜色，在传统的生产工艺中，工人还在黄酒中添加焦糖色来使黄酒的色泽加深，形成漂亮的颜色。黄酒的香气主要来自黄酒中的酯类物质，乙酸乙酯、乳酸乙酯等，还有醇类、酸类、醛类、酚类、内酯类等香味物质，黄酒的香味物质与白酒的比较类似，另外黄酒中添加的中药材也能形成黄酒独特的香味物质。市面上的黄酒中主要的香味物质大概有二十多种，香味组成非常复杂，目前有研究机构采用超临界萃取的方法来萃取黄酒的酒糟用来提取黄酒的香味物质，效果比较理想。黄酒的口感除了传统酒精、糖、氨基酸等形成甜美的味道外，还有甲醇、乙酸等形成的杂质味道，非常影响口感。目前有厂家采用蒸馏、吸附等方法去除，效果比较好。

众所周知，黄酒具有药引的作用，它能使某些中药对人体的治疗和保健作用得到进一步的加强，故大多数的中药，在制成成药时，要用黄酒作为药引，以使药品的疗效得到充分的发挥。随着人们生活水平的提高，人们对身体的健康越来越重视，适当饮酒，尤其是饮用一些具有保健作用的黄酒已逐渐成为人们良好习惯的一个组成部分。目前市场上已有各类保健酒问市，这些酒由于其组成成分的不同，达到的各自保健作用也有所不同，人们根据自己的需要，选用不同保健作用的保健酒，以满足不同的需要。

苦荞黄酒富含芦丁，芦丁的保健作用早已被医学界所公认，是治疗高血压等各种疾病的有效成分，例如，美国的医学机构向人们推荐的用量为日服50mg。芦丁可以在苦荞、山楂等植物中提取，其中，对于酒类制品来说，最好的提取原料为苦荞。

第二节　荞麦黄酒的生产工艺

干型黄酒的酿造主要工艺特点是使用淋饭酒母和摊饭操作法来生产，每年小雪前后（11月下旬）投料，至立春（次年2月初）榨酒，发酵期长达70~80d，发酵容器为陶质的大缸、大坛，在大缸中进行前发酵和主发酵，在大坛中进行缓慢的后发酵。

一、配料

黄酒配料量如表6-1所示。

表6-1　黄酒配料量

名称	用量/（kg/缸）
糯米	100
荞麦米	44
麦曲	22.5
酒母	8~9
浆水	84
水	22

传统配方中用"三浆四水"，即在每缸用水的总重量中，米浆水和清水的比例是3:4。配料米浆水一般只利用当年新米所浸的浆水，不用陈米浆水，以防止混入杂味。有关研究表明，以米浆水配料能加快发酵速度，并且使成品酒中氨基酸（特别是精氨酸、丙氨酸、亮氨酸）、乳酸乙酯、β-苯乙醇、甲醇含量增加较明显。

二、工艺流程

黄酒的制作工艺流程图见图6-1。

1. 浸米

浸米在大缸中进行，每缸288kg，供两缸投料用；现在多采用碳钢或不锈钢大罐浸米。浸米时要注意浸渍水应高出米层表面5~10cm，防止吸水后米层露出水面。由于浸米时间长达15~20d，浸米过程中应经常注意米的吸水程度和水的蒸发情况，及时补水，勿使米层露出水面。浸米期间，要捞去液面的菌醭，防止浆水发臭。

浸米的目的不仅使米充分吸水膨胀，便于蒸煮，更是为了使米酸化并取得配料用的酸浆水。米中含少量糖分，以及米粒本身含有的淀粉酶作用，使淀粉

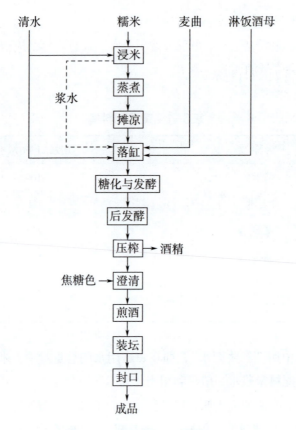

图6-1　黄酒制作工艺流程图

在浸米过程中变成糖，糖分逐渐溶解到水里，被乳酸菌利用进行缓慢发酵生成有机酸，形成酸浆水。浸米15~20d，总酸（缸心取样）由原来的0.3g/L上升到12~14g/L。与此同时，微生物所含的蛋白酶也在水中不断作用，将米表面的蛋白质分解成氨基酸，使浆水中含有多种游离氨基酸。

2. 蒸煮

将沥去浆水的原料米用挽斗从缸中取出，盛于竹箩内。将每缸米平均地分装成4甑蒸煮，每2甑原料酿造一缸酒。目前，蒸饭已普遍使用卧式或立式连续蒸饭机，并且以卧式蒸饭机为多。采用卧式蒸饭机蒸饭，因米层较薄且均匀，故饭的质量容易控制。但从能源利用率上来说，立式蒸饭机的蒸汽利用率较高。所蒸米饭要求达到外硬内软，内无白心，疏松不糊，透而不烂且均匀一致。饭蒸得不熟，饭粒里面有生淀粉，淀粉的糖化不完全，会引起不正常的发酵，使成品酒的酒度降低而酸度增加，这样不仅浪费原料，而且影响酒质。但是，饭蒸得过于糊烂也不好，不仅浪费了蒸汽，而且容易结成饭团，不利于糖化和发酵，也会降低酒质和出酒率。

3. 摊凉（冷却）

米饭摊凉或使用鼓风降温的要求是品温下降快且均匀不产生热块，更不允许产生烫块。若冷却时间长，米饭就可能被空气中的有害微生物污染，而且糊化后的淀粉在常温下放置较长时间后会逐渐失水，出现米饭老化现象。

4. 落缸

发酵缸及工具须预先清洗干净，并用石灰水、沸水灭菌。在落缸前一天，先将投料清水盛入缸中备用。落缸时分两次投入经冷却后的米饭。第一批米饭倒入后，搅拌打碎饭块；第二批米饭倒入并搅散饭块后，依次投入麦曲、酒母和浆水。搅拌均匀，然后将物料翻盘到相邻缸中（俗称"盘缸"），并继续把留下的饭团捏碎，使缸中物料和品温更加均匀一致。

落缸后物料品温一般掌握在26~29℃，应根据气温适当调整，同时按照落缸时间的先后，可对品温和酒母使用量做适当的控制。

5. 糖化与发酵

物料落缸后，麦曲中的淀粉酶和淋饭酒母即开始糖化与发酵。前期主要是酵母的增殖，温度上升缓慢，应注意保温，一般除盖稻草编缸盖和围稻草席外，上面还罩上塑料薄膜。发酵属于典型的边糖化边发酵，糖化温度等于酵母的发酵温度，因此糖化与发酵是交替进行的，这样，糖分不致积累过高。经过长时间的发酵后，可形成较高的酒精度，并且淀粉被糖化、发酵得较为彻底，这是黄酒酿造的特点。

一般经过10多个小时，醪（醅）中酵母细胞数已经繁殖得很多了，开始进入主发酵，由于酵母的发酵作用，大量的糖分变成酒精和二氧化碳，并放出大量的热量，温度上升较快。缸里可听到发酵响声，并会产生气泡把酒顶到液面上来，形成醪盖，取发酵醪口尝，味鲜甜略带酒香，此时注意品温变化，及时开耙。

6. 压榨、澄清

经过70~80d的发酵，酒醅已经成熟，用木榨或压滤机对酒醅进行固液分离，称为压榨。

榨出的酒液称为生酒或生清。加入0.1%~0.2%的糖色,搅拌后静置2~3d,使少量微细的悬浮物沉入酒池或罐底,使酒液澄清。澄清须在低温下进行,且时间不宜过长,以防酒质变坏。经澄清后的酒液,尚有一些不易沉淀的悬浮物存在,一般还要经过硅藻土过滤。

生酒在澄清过程中,酒质会发生变化。一般刚压榨的生酒,品尝时会感到粗而辛辣,随着澄清期的延长,酒味逐渐变为甜醇,主要是由于淀粉酶将残余糊精和淀粉分解成糖;蛋白水解酶把蛋白质、肽分解为氨基酸所致。由此可见,延长澄清期对促进酒的老熟起到了一定的作用,但要防止酒质酸败。

7. 煎酒、装坛、封口

将澄清的酒液用列管式换热器或薄板换热器加热到90~92℃,以杀灭酒液中的微生物和破坏残余的酶,并使部分蛋白质受热凝固析出,低沸点的生酒味成分被挥发排除。装酒的陶坛预先洗净并用蒸汽灭菌,趁热灌入灭过菌的热酒。灌坛后酒坛口立即用煮沸灭菌的荷叶覆盖,再盖上小瓦盖,包以沸水杀菌后的箸壳,用细篾丝扎紧坛口,运至室外,用黏土做成平顶泥头封固坛口,俗称"泥头"。该泥由黏土、盐卤及砻糠三者捣成。待泥头干燥后,运入仓库贮藏。

第三节　荞麦黄酒的功能活性

黄酒为酿造酒,酒精度16%vol左右,保留了发酵过程中产生的营养和活性物质,历来以营养丰富、保健养生著称,其保健养生功能在古书上多有记载,也备受行业专家推崇。一代伟人邓小平晚年也每天喝一杯绍兴黄酒健身。苦荞能通便润肠,被民间称之为"净肠草",具有杀菌、消炎的作用,有"消炎粮食"之称,还有降血压、血糖、血脂、改善微循环等效果,故称"三降食品"。此外,苦荞还有抗氧化、消除体内自由基,延缓衰老的功效,预防心脑血管疾病,对动脉硬化、冠心病、心肌梗死、脑出血、中风有改善作用,还可治疗肿瘤;促进眼部血液微循环,增进视力等。

一、黄酒的功能性成分

1. 黄酒中的蛋白质含量为酒中之最

黄酒中含丰富的蛋白质，荞麦黄酒的蛋白质为16g/L左右，是啤酒的4倍，红葡萄酒的16倍。黄酒中的蛋白质绝大部分以肽和氨基酸的形式存在，极易为人体吸收利用。荞麦酒中的游离氨基酸含量为430mg/L左右，其中必需氨基酸含量为1500mg/L，半必需氨基酸含量为1200mg/L。

2. 丰富的无机盐及微量元素

人体内的无机盐是构成机体组织和维护正常生理功能所必需的，按其在体内含量的多少分为常量元素和微量元素。荞麦黄酒中已检测出的无机盐有30余种，包括钙、镁、钾、磷等常量元素和铁、铜、锌、硒、锰等微量元素。黄酒含镁200~300g/L，含锌8.5mg/L，含硒10~12μg/L，含钾3mg/L，远远高于葡萄酒与啤酒。健康成人每日约需12.5ng锌，喝黄酒能补充人体锌的需要量。目前我国居民硒的日摄入量约为26μg，与世界卫生组织推荐日摄入量50~200μg相差甚远。硒具有提高机体免疫力、抗衰老、抗癌、保护心血管和心肌健康的作用。

3. 黄酒中维生素含量较高

酒中的维生素来自原料和酵母的自溶物。黄酒原料（糯米、荞麦、黍米）含有大量的B族维生素，酵母是维生素的宝库，由于黄酒的发酵周期长，酵母细胞自溶释放出的维生素也较多。黄酒中的B族维生素含量远高于啤酒和葡萄酒，维生素B_1含量为0.49~0.69mg/L、维生素B_2含量为1.50~1.64mg/L、维生素P含量为0.83~0.86mg/L、B族维生素含量为2.0~4.2mg/L，此外还含维生素C 5.71~43.20mg/L（随贮藏期的延长而降低）。维生素B_1能促进碳水化合物氧化，维护神经系统、消化系统和循环系统的正常功能；维生素B_2也是人体不可缺少的物质，它能促进蛋白质、碳水化合物的代谢，维护皮肤和黏膜的健康，保护视力，刺激乳汁分泌。维生素B_2的缺乏还和某些肿瘤的生成有一定关系；维生素PP能维护神经系统、消化系统和皮肤的正常功能。由于黄酒中维生素PP和锌的含量高，能维护皮肤健康，起到美容作用；维生素B_6除了对蛋白质的代谢过程很重要外，还可预防肾结石；维生素C有增强机体免疫力，防治坏血病，促进胶原蛋白合成的作用。

4. 含丰富的功能性低聚糖和一定量多糖

低聚糖又称寡糖类或少糖类，分功能性低聚糖和非功能性低聚糖。由于人体不具备分解、消化功能性低聚糖的酶系统，在摄入后，功能性低聚糖很少或根本不产生热量，但能被肠道中的有益微生物双歧杆菌利用，促进双歧杆菌增殖。

黄酒中功能性低聚糖含量较高，异麦芽低聚糖又称为分支低聚糖，具有显著双歧杆菌增殖功能，能改善肠道的微生态环境，促进B族维生素的合成和钙、镁、铁等矿物质的吸收，提高机体免疫力和抗病力，能分解肠内毒素及致癌物质，预防各种慢性病及癌症，降低血清中胆固醇及血脂水平。黄酒中异麦芽低聚糖的来源分为两部分：一是支链淀粉的酶解，糯米中的淀粉几乎全部是支链淀粉，淀粉酶不易切断其分支点，因此在酒中残留的分支低聚糖较多，这也是糯米酒口味较甜厚的原因；二是麦曲中微生物分泌的葡萄糖苷转移酶通过转糖苷合成了异麦芽低聚糖。黄酒中还含有一定量的多糖，黄酒多糖具有抗氧化作用和体内免疫活性，能抑制肿瘤细胞的生长。

5. 酒中的酚类物质含量较高

酚类物质被认为具有清除自由基，预防心血管病、抗癌、抗衰老等生理功能。黄酒中的酚类物质来自原料（大米、荞麦）和微生物（米曲霉、酵母）的转换，由于黄酒发酵周期长，荞麦黄酒发酵周期长达80~90d，酚类物质已溶入酒中，因此酒中的酚类物质含量较高。目前已从荞麦黄酒中检测出儿茶素、表儿茶素、芦丁、槲皮素、没食子酸、原儿茶酸、绿原酸、咖啡酸、P-香豆酸、阿魏酸、香草酸、丁香酸等多种酚类物质。

6. 富含重要的抑制性神经递质 γ- 氨基丁酸

γ-氨基丁酸（GABA）是一种重要的抑制性神经递质，参与多种代谢活动，具有降低血压、改善脑功能、增强长期记忆、抗焦虑及提高肝、肾功能等生理活性。GABA能作用于脊髓的血管运动中枢，有效促进血管扩张，达到降低血压的作用。GABA还能提高葡萄糖磷酸酯酶的活性，使脑细胞活动旺盛，促进脑组织的新陈代谢和恢复脑细胞功能，改善神经机能。医学上，GABA对脑血管障碍引起的症状，如偏瘫、记忆障碍等有很好的疗效，同时用于尿毒症、睡眠障碍的治疗药物中。此外，日本研究者以富含GABA的食品进行医学试验，结果显示对亨廷顿疾病、阿尔茨海默病等有显著的改善效果。荞麦黄酒中游离

GABA的含量为126mg/L，是一种较理想的富含天然GABA的保健饮品。

7. 生物活性肽

近年来的研究表明，以数个氨基酸结合而成的小肽具有比氨基酸更好的吸收性能，而且许多肽具有原蛋白质或其组成氨基酸所没有的生理功能，如促钙吸收、降血压、降胆固醇、镇静神经、免疫调节、抗氧化、清除自由基、抗癌等功能。黄酒中肽类物质的含量为12.87~17.55g/L，具有体外降血压和降胆固醇活性的功能。

8. 四甲基吡嗪和萜烯类化合物

四甲基吡嗪（（tetramethylpyrazine，TMP），又称川芎嗪，是中药川芎的主要活性生物碱成分，能够扩张血管、改善微循环和脑血流、抑制血小板集聚和解聚已聚集的血小板，因此具有治疗心脑血管疾病的药理作用。TMP在临床上用于治疗慢性肾功能不全（CRF）、冠心病、血液高凝状态、糖尿病周围神经病变（DPN）、脑梗死等。黄酒中TMP的来源可能有三个途径。一是由还原糖类和氨基化合物之间发生的美拉德反应所产生。黄酒中的还原糖类和氨基化合物含量较高，在煎酒和贮藏过程中美拉德反应产物也较多。二是由芽孢杆菌发酵产生。在黄酒发酵醪中能检出包括枯草芽孢杆菌在内的多种芽孢杆菌，国内研究表明芽孢杆菌能产TMP。三是由麦曲带入。麦曲中含有芽孢杆菌和枯草芽孢杆菌，且制曲过程最高温度可达55℃以上，有利于美拉德反应的发生。

萜烯类化合物具有多种生物活性，如β-紫罗兰酮和柠檬烯具有较强的抗癌作用；橙花叔醇是中药降香的主要有效成分之一；芳樟醇具有氧化自由基清除能力和抗溃疡效果。目前，从黄酒中已检出β-芳樟醇、异茨醇、β-香茅醇、橙花醇、β-环柠檬醛、柠檬烯、β-大马酮、高香叶醇、β-紫罗兰酮、橙花叔醇、月桂烯、薄荷醇、α-雪松醇、α-雪松烯等萜烯类化合物。

黄酒酿造是以谷物为原料、多种微生物参与作用的生物转化过程，黄酒包含有多种有益健康的活性成分，但目前的研究和认识还非常有限，有待进行系统深入的研究。

二、黄酒的保健功能

黄酒具有一定的排铅、增强学习记忆能力、增强免疫能力、延缓衰老、抗氧化能力、提高耐缺氧能力、预防骨质疏松等多种保健功能。研究表明，适量饮用黄酒能使血液中的高密度脂蛋白含量增加，同型半胱氨酸水平下降，使心肌梗死的发病率和猝死率有所下降，适量饮用黄酒能有效降低心血管的重要危险因素低密度脂蛋白及甘油三酯，且对肝功能无显著影响。温州医学院的研究表明，黄酒对减轻体重、增加智力和耐力等有较显著的作用。

第四节　荞麦黄酒产品

一、苦荞黄酒

利用发酵罐酿造荞麦酒，以甜荞和苦荞按照1∶2的比例作为原料，选用黄酒专用酵母为发酵菌种，在液化（高温-α-淀粉酶添加量0.5%、pH 6.5、液化温度90℃、液化时间40min）、糖化（糖化酶添加量5%、pH 5.0、糖化温度60℃、糖化时间50min）的基础上，最佳酿造工艺参数酵母添加量为0.6%、料液比1∶4（g∶mL）、发酵温度31℃、发酵时间为7d。在此最佳工艺条件下，所得荞麦酒酒精度为10.4%vol，总黄酮含量为122.26μg/mL。

荞麦酒中可溶性蛋白含量为1.23mg/mL；游离氨基酸总量为8080mg/L，其中必需氨基酸约占总氨基酸的24.8%，谷氨酸含量最高，含量达到1860mg/L，约占总氨基酸含量的23%；总多酚含量为321.2μg/mL。对荞麦酒中四种常见有机酸进行测定，含量最高的是柠檬酸，其次是琥珀酸。

二、荞麦青梅黄酒

青梅荞麦酒各组分组成比例为：青梅浆50%、玉米粉25%、苦荞20%、魔芋5%、酒曲0.4%。

青梅荞麦酒的配制方法及其生产方法为如下。

1. 原料预处理

青梅浆：精选 → 清洗 → 破碎 → 去核 → 打浆

玉米粉：精选 → 打粉

荞麦粉：精选 → 打粉

魔芋粉：魔芋 → 精选 → 脱皮 → 冲洗 → 切片 → 脱毒 → 晒干或 40~50 ℃低温烘干 → 粉碎

2. 混合、发酵

将处理得到青梅浆、玉米粉、荞麦粉、魔芋粉混合均匀，接入酒曲，拌匀，放进发酵缸，封坛发酵春末、夏天、秋初发酵7~8d；中秋、冬季、春初发酵10~15d，然后分离去渣，酒液过滤，匀兑，装瓶即制得青梅荞麦酒产品。

三、苦荞蜂蜜黄酒

1. 原料组成

蜂花粉5kg、苦荞40kg、蜂蜜55kg。

2. 酿造工艺

按配方比例称取蜂花粉、苦荞、蜂蜜备用。

给蜂花粉中加入其5倍量的水浸渗进行膨化分解，使颗粒成粉末状，搅拌成糊状后用紫外线灭菌，再加入蜂花粉总量1%红曲霉和汉逊酵母进行发酵，等待花粉发酵进入旺盛期。

给苦荞中加入其2.5倍量的水浸24h过滤，再加入其2.5倍量的水浸4h后过滤，将两次过滤液合并。

将蜂蜜通过硅藻土过滤器除臭和净化。

将净化后的蜂蜜溶于苦荞提取液中，将蜂花粉发酵液接种到苦荞提取液和蜂蜜的混合液中，pH调到3.5，密封，在温度为20℃、避光、干燥的室内进行发酵。

经过25d的发酵，待澄清后除去酒脚，再密封，在温度20℃、避光、干燥室内发酵45d后，再次清除酒脚过滤、灭菌即得。

3. 功能活性

（1）该酒中含有一定量的水杨酸，这种物质起到软化血管，保持血管渗透性，预防动脉硬化的作用。

（2）该酒中所含的营养成分，对人的心、脑血管都有一定的保护、改善作用，还起到降血压的功效。

（3）该酒不仅能够美容皮肤、润泽容颜，还能够起到保护皮肤组织等作用，因此，对于皮肤病的预防也有一定的好处。

（4）该酒所含的肌醇成分，能够促进消化液的分泌，并能起到增强胃肠功能，预防胃肠病的作用。

（5）该酒还具有较好的杀菌功效，比一些抗菌药物还强，可用于阻止幽门螺杆菌等病菌的生长和繁殖。

因此，在进餐时饮一杯该酒，还能够起到杀菌、预防病菌侵袭的作用。此外，还具有助睡眠、护肝脾、润肠、补气血、养心肌、保记忆、促进新陈代谢、提高人体免疫力等功能。

四、荞麦老酒

荞麦老酒其风味别致，营养丰富，酒色红褐，盈盅不溢，晶莹纯正，醇厚爽口，有舒筋活血、补气养神之功效。酿酒师傅们在长期的实践中，摸索总结出了许多酿造老酒的"决窍"，主要是要"守六法、把六关"。这"六法"，就是人们常说的"古遗六法"，它是酿造老酒必须具备的基本条件：

"黍米必齐"：酿造老酒必须用米中之王，颗粒饱满整齐、色泽金黄均匀的优质大黄米（黍子去壳而成）做原料，这是即墨老酒与其他黄酒的根本区别。

"曲蘖必时"：酿造老酒的曲种，必须选用三伏天用优质小麦在透风采光、温度适宜的室内踏成并陈放一年的麦曲做糖化发酵剂。

"水泉必香"：这水是酒中之血，好水才能酿好酒。

"陶器必良"：酿造老酒的容器，要选用质地优良、无渗漏的陶器或无毒无味的其他现代容器。

"湛炽必洁"：酿造、陈储老酒的器具必须严格杀菌消毒，防止杂菌污染。

"火齐必得"：酿造老酒的火候必须调剂适度，使温度能升能降，散热均匀，恰到好处。

达到了以上"六法"之要求，只是为酿造老酒准备了基本原料和设施，要酿出老酒，还必须把好以下六个工艺关口。

"焅米"：将荞麦米冲洗干净，浸泡均匀，倒入锅中，生火加温，待将米煮透后，边加温边用锅铲搅拌，并适时添浆，要使米焦而不煳，"焅"到呈棕红色时出锅。

"糖化"：将焅好的米在案板上摊凉，待降到适当温度时，按一定比例拌入加工好的曲面，再反复摊搅（打耙），使之混合均匀。

"发酵"：将摊搅好的米装入发酵罐（缸）内，在适当温度下酵母连续发酵，达到一定天数，再倒入二次发酵罐内继续发酵，直到彻底发酵完毕，成为酒醪。

"压榨"：将发酵好的酒醪装入榨酒机内压榨取酒，滤布、盛酒盘应冲洗干净，灭菌彻底，榨出的酒应澄红清亮。

"陈储"：将榨出的原酒放入储酒罐内，在恒温下陈储存放待用，要特别注意防止酸酒。

"勾兑"：取陈储好的原酒按产品标准要求勾兑并包装出厂。

参考文献

[1] 国家市场监督管理总局, 中国国家标准化管理委员会. 黄酒: GB/T 13662—2018 [S]. 北京: 中国标准出版社, 2018: 9.

[2] 中华人民共和国质量监督检验检疫总局, 中国国家标准化管理委员会. 地理标志产品—绍兴酒（绍兴黄酒）: GB/T 17946—2008 [S]. 北京: 中国标准出版社, 2008: 12.

[3] 曹冉. 荞麦酿造酒及后处理过程中黄酮类物质变化规律的研究[D]. 石家庄: 河北科技大学, 2019.

[4] 姜莹. 发酵罐生产荞麦酒及酒中风味成分的研究[D]. 贵阳: 贵州大学, 2017.

[5] 尉杰. 来自发芽甜荞种子和金荞麦叶发酵茶的保健酒的酿制工艺研究[D]. 贵阳: 贵州师范大学, 2015.

[6] 陈明照, 莫沉鹏. 一种青梅荞麦酒的配制方法及其生产方法: CN106479798A [P]. 2017-03-08.

[7] 张洲利. 一种苦荞麦酒及其制备方法: CN107099420A [P]. 2017-08-29.

第七章

荞麦啤酒

啤酒是以麦芽（包括特种麦芽）为主要原料，以大米或其他谷物为辅助原料，经麦芽汁的制备、加酒花煮沸，并经发酵酿制而成的，含有二氧化碳、气泡的、低酒精含量（2.5%~7.5%）的各类熟鲜含酒精饮料。但在德国则禁止使用辅料，所以典型的德国啤酒，只利用大麦芽、啤酒花、酵母和水酿制而成。小麦啤酒则是以小麦为主要原料酿制而成的。而广义的说法为啤酒是以发芽的大麦或小麦，有时添加生大麦或其他谷物，利用酶工程制取谷物提取液，加入啤酒花进行煮沸，并添加酵母发酵而制成的一种含有二氧化碳、低酒精度的饮料。

啤酒是我国发展最快的酒类，随着啤酒工业的迅猛发展，啤酒生产所用麦芽的价格不断上涨，造成生产成本大大提高；同时，啤酒生产也受到麦芽的糖化力、麦芽汁的黏度和发酵度等不同因素的制约。为了降低生产成本、提高产量和稳定品质，在啤酒酿造中采用提高辅料比和外加酶制剂相结合的生产新工艺，正日益受到世界各国啤酒行业的重视。

第一节　概述

一、荞麦啤酒的研究现状

啤酒是一种历史悠久的酒精饮料，是"以大麦麦芽为主要原料，添加啤酒花，用啤酒纯种酵母进行发酵而生产的一种低酒精度、含二氧化碳的饮料"。啤酒是世界上最古老和最广泛的酒精饮料。早在公元前3000年，在黏土片上就记载了啤酒面包的生产方法。随后，一种原始的酒精发酵的啤酒产生了。古巴比伦人制作啤酒时，把草药添加进去，其中也包括野生的啤酒花。这种生产啤酒的主料随着时间的推移，逐步替换成了以大麦麦芽为主料，然后添加一定比例的谷物麦芽、大米、玉米等辅料来制作啤酒。啤酒的生产主要包括麦芽制造、麦芽汁制备、啤酒发酵、啤酒包装与成品啤酒等环节。

从19世纪末，我国开始引入啤酒及啤酒制造业。啤酒行业作为我国酿酒工业中最年轻、规模最大、发展最快的行业，其发展令世界为之赞叹。自2002年以来，中国超过美国成为世界第一大啤酒产销国，产量至今已连续18年位居世界首位。我国啤酒产品大都是淡爽型啤酒，风味、品种比较单一，仅在包装和原麦芽汁度数上有所差异，主要原料大都是大麦麦芽，添加了部分大米为辅料，缺乏特征显著的新型啤酒，因此，改善产品的趋同性成了中国啤酒业的关注热点。开发新型啤酒，既能满足广大消费者对于新产品的追求，丰富啤酒的种类，也能给厂商带来较好的经济利益。

近年来，荞麦作为酿酒原料进行了普及。Brauer J.等先把荞麦芽制备成焦糖色麦芽，进行啤酒制作，赋予啤酒一定的坚果味。Zarnkow M.等优化了去壳荞麦的制麦芽条件。荞麦主要被作为一种无谷蛋白麦芽被添加到啤酒中，用于微酿造生产无谷蛋白啤酒。用荞麦替代部分辅料大米酿制成的淡色啤酒，具有泡沫洁白细腻，持久挂杯，酒体呈黄绿色，有明显酒花香，口味清爽，杀口力强的特点。以苦荞麦芽为主料的啤酒发酵工艺，采用浸三断八方式浸麦，16℃下发芽6d，在10~12℃发酵4~5d，可制得酒精度低、营养价值高的啤酒。以麦芽（65%）为主，添加35%的辅料（10%~15%的荞麦+15%~20%的大米）采用两段糖化法进行糖化，两罐法发酵工艺，制得了荞麦干啤酒。以荞麦为辅料，制出了麦芽汁，然后进行发酵，得到荞麦啤酒。Blaise P.等研究了用100%苦荞麦芽进行上面发酵啤酒的制作，感官分析表明，苦荞啤酒的气味、纯度、口感等是可以接受的，从pH、游离氨基氮、发酵力、酒精度等方面进行理化分析，得出这些指标接近小麦啤酒。苦荞作为一种无谷蛋白酿造原料，可用于啤酒制作并可推向市场。

二、啤酒酿造的基本知识

（一）啤酒酿造工艺流程

尽管现代啤酒酿造已经使制麦生产从啤酒厂（公司）分离出去而成为单独的麦芽厂（公司），但历史上啤酒酿造的确是从大麦开始至成品啤酒为止，无论是出于对历史的尊重，还是从专业角度看，制麦仍是整个啤酒酿造生产环节中的重要一环，二者在生产工艺及啤酒质量上都是密不可分的。

啤酒酿造基本工艺流程如下：

啤酒原大麦 → 清洗 → 分级 → 贮藏 → 浸麦 → 发芽 → 干燥 → 除根 → 贮藏 →

粉碎 → 糖化 → 麦汁过滤 → 麦汁煮沸（加酒花或酒花制品）→ 回旋沉淀 → 麦汁冷却 →

充无菌空气 → 添加啤酒酵母 → 发酵 → 啤酒过滤 → 包装 → 成品啤酒

（二）啤酒酿造基本原料

从世界范围来讲，啤酒生产的基本原料有4种，即大麦（麦芽）、水、酒花（或酒花制品）、啤酒酵母，其他只能称为辅料。

（三）啤酒的分类

啤酒是当今世界各国销量最大的低度酒精饮料，品种很多，一般可根据生产方式、产品浓度、啤酒的色泽、啤酒的消费对象、啤酒的包装容器、啤酒发酵所用的酵母品种进行分类。

1. 按啤酒色泽分类

（1）淡色啤酒　淡色啤酒的色度在3~14EBC单位。色度在7EBC单位以下的为淡黄色啤酒；色度在7~10EBC单位的为金黄色啤酒；色度在10EBC以上的为棕红色啤酒。其口感特点是：酒花香味突出，口味爽快、醇和。

（2）浓色啤酒　浓色啤酒的色度在15~40EBC单位。颜色呈红棕色或红褐色。色度在15~25EBC单位的为棕色啤酒；25~35EBC单位的为红棕色啤酒；35~40EBC单位的为红褐色啤酒。其口感特点是：麦芽香味突出，口味醇厚，苦味较轻。

（3）黑啤酒　黑啤酒的色度大于40EBC单位。一般在50~130EBC单位之间，颜色呈红褐色至黑褐色。其特点是：原麦芽汁浓度较高，焦糖香味突出，口味醇厚，泡沫细腻，苦味较重。

（4）白啤酒　白啤酒是以小麦芽为主要原料的啤酒，酒液呈白色，清凉透明，酒花香气突出，泡沫持久。

2. 按所用酵母品种分类

（1）上面发酵啤酒　是以上面酵母进行发酵的啤酒。麦芽汁的制备多采用浸出糖化法，啤酒的发酵温度较高。例如，英国的爱尔（Ale）啤酒、斯陶特（Stout）黑啤酒以及波特（Porter）黑啤酒。

（2）下面发酵啤酒　是以下面酵母进行发酵的啤酒。发酵结束时酵母沉积于发酵容器的底部，形成紧密的酵母沉淀，其适宜的发酵温度较上面酵母低。麦芽汁的制备宜采用复式浸出或煮出糖化法。例如，捷克的比尔森啤酒（Pilsener beer）、德国的慕尼黑啤酒（Munich beer）以及我国的青岛啤酒均属此类。

3. 按原麦芽汁浓度分类

（1）低浓度啤酒　乙醇含量为0.8%~2.2%，近些年来产量逐增，以满足低酒精度以及消费者对健康的需求。酒精含量小于2.5%（体积分数）的低醇啤酒，以及酒精含量小于0.5%（体积分数）的无醇啤酒属此类型。它们的生产方法与普通啤酒的生产方法一样，但最后经过脱醇方法，将酒精分离。

（2）中浓度啤酒　乙醇含量2.5%~3.5%，淡色啤酒几乎均属此类。

（3）高浓度啤酒　乙醇含量为3.6%~5.5%，多为浓色或黑色啤酒。

4. 按生产方式分类

（1）鲜啤酒　啤酒包装后，不经过巴氏灭菌或瞬时高温灭菌，成品中允许含有一定量活性酵母，达到一定生物稳定性的啤酒。因其未经灭菌，保存期较短。其存放时间与酒的过滤质量、无菌条件和贮藏温度关系较大，在低温下一般可存放7d左右。包装形式多为桶装，也有瓶装的。

（2）生啤酒　啤酒包装后，不经过巴氏灭菌或瞬时高温灭菌，而采用物理过滤方法除菌，从而达到一定生物、非生物和风味稳定性的啤酒。此种啤酒口味新鲜、淡爽、纯正，啤酒的稳定性好，保质期可达半年以上。包装形式多为瓶装，也有听装的。

（3）熟啤酒　是指啤酒包装后，经过巴氏灭菌或瞬时高温灭菌的啤酒。

5. 按包装容器分类

（1）瓶装啤酒　国内主要采用640mL、500mL、350mL以及330mL等4种规格。以640mL为主，规格为500mL的近年发展较快。装瓶时要求净含量与标签上标注的体积之负偏差：小于500mL/瓶，不得超过8mL；等于或大于500mL/瓶，不得超过10mL。

（2）听装啤酒　听装啤酒所用制罐材料一般采用铝合金或马口铁。听装啤酒多为355mL装和500mL装两种规格。国内大多采用355mL这一规格。装听时要求净含量与标签上标注的体积之负偏差：小于500mL/听，不得超过8mL；等于或大于500mL/听，不得超过10mL。

（3）桶装啤酒　国内桶装啤酒又可分为桶装"鲜啤"和桶装"扎啤"两种类型。桶装"鲜啤"是不经过瞬间杀菌后的啤酒，主要是地产地销，也有少量外地销售。包装容器材料主要有木桶和铝桶。

6. 特殊啤酒

由于消费者的年龄、性别、职业、健康状态以及对啤酒口味嗜好的不同，因而必然存在适合不同需求的特种啤酒，如低（无）醇啤酒、干啤酒、冰啤酒、浑浊啤酒和小麦啤酒。

（1）低（无）醇啤酒　酒精含量为0.6%~2.5%（体积分数）的淡色（或浓色、黑色）啤酒即为低醇啤酒，酒精含量小于0.5%（体积分数）的为（无）醇啤酒。除特征性外，其他要求应符合相应类型啤酒的规定。

（2）干啤酒　真正（实际）发酵度不低于72%，口味干爽的啤酒。除特征外，其他要求应符合相应类型啤酒的规定。

（3）冰啤酒　按冰晶化工艺处理，浊度小于0.8EBC的啤酒。除特征性外，其他要求应符合相应类型啤酒的规定。

（4）浑浊啤酒　在成品中含有一定量的酵母或显示特殊风味的胶体物质，浊度大于2EBC的啤酒。除特征性外，其他要求应符合相应类型啤酒的规定。

（5）小麦啤酒　以小麦麦芽（占麦芽的40%以上）、水为主要原料酿制，具有小麦麦芽经酿造所产生的特殊香气的啤酒。除特征性外，其他要求应符合相应类型啤酒的规定。

（四）营养价值

荞麦中含有大量的维生素，其中含维生素B_1约为0.18mg/g，维生素B_2约为20.5mg/g，维生素B_6约为0.02mg/g，是小麦粉、大米和玉米粉的1~4倍。

另外，荞麦富含镁、钾、钙、铁、锌、铜等多种矿物质元素，其中，含镁130mg/100g、磷180mg/100g、钙15mg/100g、铁1.2mg/100g，均高于其他谷物。有研究表明，发芽后苦荞中黄酮类物质及γ-氨基丁酸等功能性成分含量升高，γ-氨基丁酸具有降血压、改善脑机能和缓解疼痛和焦虑等作用；同时苦荞含有极为丰富的黄酮类化合物，其中芦丁约占苦荞总黄酮的80%，是膳食黄酮的主要来源。

荞麦种子萌发时淀粉的水解分为两个阶段，1~4d，由α-淀粉酶水解淀粉，主要是在胚乳中进行水解；4~5d是过渡阶段，由α-淀粉酶水解转变为β-淀粉酶水解；5~8d，由β-淀粉酶水解，主要在胚芽中进行，同时淀粉在胚芽细胞中被大量合成，在芽中积累。在萌发刚开始时，还原糖的含量很低，随着淀粉酶活力的增强，淀粉不断水解，还原糖含量不断增加。在萌发过程中，种子由于生长发育的需要消耗了供能物质导致总干基质量的减少，从而使总蛋白含量增加，从13.78%增长至15%。胚乳中蛋白含量的增加应该是淀粉大量被降解运输导致相对含量的增加，从第1d的14.08%上升至第8d的18.71%。胚芽由于细胞增生、生命活动的增加需要大量的蛋白质给予支持，因此含量也明显增加，从最开始的0.96%上升至8.29%。

荞麦在吸水后萌发，形成了一些重要的水解和氧化还原酶系。采用浸3断8的浸麦方式浸麦，制麦6d，α-淀粉酶在未发芽荞麦中活性低，从发芽48h开始酶活力迅速增加；72h酶活力第一次达到峰值，数值为616.72U。从72~96h，酶活力迅速降低到165.05U；从96~144h，α-淀粉酶的酶活力又逐渐上升，在144h酶活力第二次达到峰值458U。与α-淀粉酶不同的是，β-淀粉酶在麦粒成熟过程中就已形成，荞麦发芽后不再合成，二者的形成机制有所不同。荞麦中含有活化和未活化的β-淀粉酶，主要集中在糊粉层中。

第二节　荞麦啤酒的生产工艺

一、全荞麦啤酒

1. 工艺流程

荞麦芽 → 浸渍 → 湿粉碎 → 糖化 → 麦芽汁过滤 → 麦芽汁煮沸 → 加酒花 → 过滤 →

灭菌 → 冷却 → 酵母活化 → 接种 → 发酵 → 过滤 → 灌装 → 巴氏杀菌 → 成品啤酒

2. 操作要点

（1）原料　精选荞麦芽。

（2）浸渍　将选好的荞麦芽，在温度50℃下浸渍，时间15~20min，麦芽水分要求达到28%~30%。

（3）糖化　利用麦芽所含的酶，将麦芽中的不溶性高分子物质，逐步分解成可溶性的低分子物质的过程。全荞麦啤酒的制作采用二次煮出糖化法。具体工艺流程见图7-1。

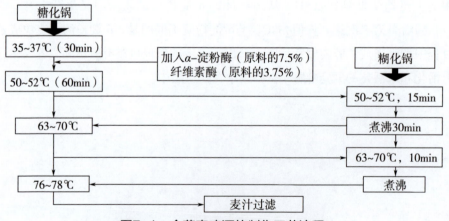

图7-1　全荞麦啤酒的制作工艺流程

注：在63~70℃时加入糖化酶（原料量的7.5%）。

（4）麦芽汁过滤　煮沸后的麦芽汁中含有大量凝固物，这些凝固物是在麦芽汁煮沸过程中由于蛋白质变性凝固和多酚物质不断氧化聚合而形成的，根据析出温度的不同分为热凝固物和冷凝固物。凝固物必须在发酵前除去，否则会引发混浊和风味问题，使啤酒产生令人不快的苦味，还会对啤酒发酵有较大的影响，所以在发酵之前应将其大部分去除。采用回旋沉淀法除去热凝固物、自然沉降法和浮选法分离冷凝固物。

（5）麦芽汁煮沸　煮沸目的是稳定麦芽汁成分。煮沸的作用是为了破坏酶活性（稳定可发酵性糖和糊精的比例）、杀菌（主要是乳酸菌）、蒸发水分（麦芽汁浓缩）、酒花成分浸出、降低pH（利于啤酒的生物和非生物稳定性）、促进还原物质（如类黑素）的形成、蒸出恶味（如香叶烯）等。

（6）加酒花　赋予啤酒特有的香味、爽快的苦味，增加啤酒的防腐能力，提高啤酒的非生物稳定性。酒花总添加量为麦芽汁量的5%，煮沸强度控制在10%~12%，煮沸时间为120min。在麦芽汁初沸时，防止麦芽汁起沫，加入全部酒花的20%，45min后，加入全部酒花的50%，在煮沸终了前10min，加入剩余的酒花。

（7）酵母活化　采用安琪啤酒活性干酵母。安琪啤酒活性干酵母是通过在25~28℃培养后收集菌体，然后通过气流干燥得到的啤酒酵母，其酵母菌体对温度的适应性较差，所以要对其进行活化。具体操作为：取洁净的容器，将安琪活性干酵母溶解于糖度为5~6Bx，温度25℃，体积为干酵母用量5~10倍的稀麦芽汁中，充分溶解，活化1h。

（8）接种　将活化好的酵母，在8℃下，接入麦芽汁中，接种量为0.1%。

（9）发酵　分为前酵和后酵。前酵温度为10℃，时间7d。然后转入后酵，温度2℃，7d。

二、混合啤酒（50%荞麦芽+50%大麦芽）

1. 工艺流程

原料 → 浸渍 → 湿粉碎 → 糖化 → 麦芽汁过滤 → 麦芽汁煮沸 → 加酒花 → 过滤 →

灭菌 → 冷却 → 酵母活化 → 接种 → 发酵 → 过滤 → 灌装 → 巴氏杀菌 → 成品啤酒

2. 操作要点

（1）原料　以大麦芽为主料，添加50%的荞麦芽为辅料。

（2）浸渍　大麦芽在50℃下浸渍，时间15~20min，辅料在21℃下浸渍，时间30min，目的使麦芽充分吸水，水分要求达到28%~30%。

（3）糖化　将荞麦芽作为辅料添加到大麦芽中，进行糖化。料水比4∶1，pH 5.25，蛋白质休止温度52℃，时间1h，糖化温度68~70℃，时间1h。

（4）麦芽汁过滤、煮沸、加酒花等后续过程同全荞麦啤酒的制作。

第三节　荞麦啤酒的功能活性

荞麦富含氨基酸、多种维生素和微量元素等，特别是富含黄酮类物质"芦丁"成分，具有明显降低血糖、血脂、尿糖以及抗氧化等功能，所以被广泛加工成各种营养、健康食品。利用荞麦为原料制成的啤酒由于具有荞麦中的化学成分，因此具有一定的功能活性。

荞麦啤酒具有一定的抗氧化作用。苦荞啤酒中游离黄酮以芦丁、异槲皮苷和槲皮素为主，游离酚酸主要包括阿魏酸、咖啡酸、没食子酸、对香豆酸和原儿茶酸。啤酒中阿魏酸、咖啡酸、对香豆酸、芦丁及槲皮素含量随发酵过程不断降低。全荞麦啤酒，在发芽、麦芽汁制备阶段含量增加，总黄酮含量分别增加了约76%、30%，在煮沸过滤后、发酵前，总黄酮含量变化不大，做成啤酒后，总黄酮的含量为4.026mg/g。混合啤酒，在发酵前的每个阶段，总黄酮的含量都是增加的，在煮沸过滤后增加量更为明显，增加了1.02倍。在成品啤酒中，总黄酮的含量降低，为4.53mg/g。与普通啤酒、混合啤酒不同，全荞麦啤酒，除了在麦芽汁制备阶段黄酮含量有所下降外，其他阶段黄酮的含量都是增加的。成品啤酒中，总黄酮的含量要高于全大麦、混合啤酒，为4.938mg/g。

苦荞啤酒中总酚酸、总黄酮的含量与市售啤酒相比，相差不大，但是苦荞啤酒中的肌醇、D-手性肌醇、γ-氨基丁酸含量明显高于市售啤酒。D-手性肌醇作为一种功能性糖醇类物质，对糖尿病具有显著的治疗效果，在医药、食品领域具有很高的利用价值。

第四节　荞麦啤酒产品

一、荞麦保健啤酒

将当年收获的新鲜苦荞除杂洗净后，用清水浸泡18~24h，然后沥干，并依次在10~15℃、17~20℃、24~26℃温度下进行发芽，待平均根系长度达到2~3mm时结束发芽，然后将完成发芽的苦荞通风干燥，并烘干至水分不大于3%后除根，得到苦荞麦芽。将苦荞麦芽、甜荞麦芽和麦芽按照重量比为1：1：10混合，然后粉碎至麦芽皮完整而内含物为颗粒状；调节温度为30~35℃，并保温25~35min，然后升温至50~55℃，并保温30~60min，再升温至78℃，然后降温至室温；产物打入过滤槽进行过滤，并用清水进行清洗，直至滤渣残糖为1.0~1.5°Bx；滤渣煮沸并保温1~2h，期间按照料液比为（1~2g）：5L加入酒花；产物中接种啤酒酵母，接种量为3%~5%，然后调节温度为8~15℃、4~6℃进行发酵，然后过滤并收集滤液，得到荞麦保健啤酒。

通过发芽使得荞麦中的芦丁的利用率大幅上升，增加了啤酒的功能，使其具有一定的保健作用，同时兼顾了啤酒的风味和口感，是一种营养和风味俱佳的养生保健类饮品。

二、低麸质啤酒

麸质是主要的食品类过敏原之一，亦是国际社会最早关注和研究的食品过敏原，也是目前唯一规定了食品中含量阈值的过敏原成分。乳糜泻是遗传易感性患者因摄入麸质而引发的免疫性小肠炎症疾病，其典型症状包括腹痛、腹胀、腹泻、便秘和呕吐等。据统计，西方国家的发病率为0.5%~2.0%。由于我国人口基数很大，其患者的绝对数目也不容忽视。乳糜泻是近100年来才被医学界所认识的疾病，由于其发病原因具有多样性和复杂性，目前唯一且高效缓解其症状的方法是降低饮食中的麸质含量，选择低麸质或无麸质饮食。乳糜泻患者对含有麸质的大麦、小麦、黑麦类食品异常敏感，麸质中的醇溶谷蛋白是该病症最主要的致病性植物蛋白抗原，由于乳糜泻患者的肠黏膜受损，分解醇溶谷蛋白的细胞酶活性较低，不能充分分解醇溶谷蛋白，致使醇溶谷蛋白与其他蛋白产生交叉免疫活性，促进杀伤性淋巴细胞集聚，增加了肠黏膜细胞的通透性，使肠绒毛萎缩，引起腹泻、腹胀、腹痛等肠病症状，导致患者对碳水化合物、矿物质等营养物质吸收不良。

低麸质啤酒主要由以下用量的酿造原料制成：大米、荞麦、麸质蛋白含量≤10g/kg的大麦麦芽、麸质蛋白含量≤20g/kg的高香麦芽。

糊化：糊化锅中加水，加入大米、荞麦以及淀粉酶进行糊化。

糖化：糖化锅中加水，加入大麦麦芽、高香麦芽以及糖化酶和蛋白酶，升温至50~55℃，保温20~30min。

并醪、过滤：将糊化醪并入糖化锅中，并醪后温度控制在76~80℃，保温糖化5~20min，碘试完全后泵入过滤槽过滤，洗槽，得麦芽汁。

煮沸：麦芽汁煮沸时间60~80min，控制煮沸强度≥10%，在煮沸过程中加入酒花，煮沸终了前加入卡拉胶，麦芽汁煮沸终了时加入硫酸锌，定型麦芽汁浓度12°P，煮沸完成后送入沉淀槽。

沉淀：煮沸后的麦芽汁在沉淀槽中静置、冷却后送入发酵罐，在送入发酵罐的过程中加入脯氨酸内切酶，所述脯氨酸内切酶的加入量按1.0~2.0g/100L麦芽汁计算。

发酵：按0.15~0.20亿酵母/mL麦芽汁加入酵母，于9~12℃条件下充分发酵，发酵完成后排出酵母，储酒。

过滤、稀释：过滤成熟啤酒并稀释到所需浓度。

三、杂粮保健啤酒

在啤酒生产进入灌装工序之前，将七种杂粮荞麦、高粱、谷子、薏苡仁、芸豆、小豆、蚕豆按照科学配比，榨成汁液然后把这些汁液加入啤酒之中，进行充分搅拌，最后灌装成保健啤酒产品。这种杂粮保健啤酒，很好地保持了其独有的营养成分，口味香醇，风味独特，饮用方便，极大地满足了人们对杂粮营养的需求。

荞麦、高粱、谷子、薏苡仁、芸豆、小豆、蚕豆是人们熟知的一些杂粮，含有很多营养成分。现代研究结果表明，常吃杂粮可以预防心脑血管疾病，促进胆固醇排出体外，可预防、辅助治疗高血压、动脉粥样硬化等疾病，而且粗粮含有较多的膳食纤维素，膳食纤维素经过代谢的作用，可以促进肠蠕动，缩短粪便在肠内停留时间，使大便通畅。

四、十谷啤酒

啤酒由大麦芽、糙米、黑米、小米、小麦芽、荞麦、燕麦、薏苡仁、芡实、莲子、酒花等原料制备而成。精选营养更加丰富的原料，进行合理搭配，富含多种人体所必需的维生素、氨基酸、膳食纤维和微量元素，营养丰富，口感好，厚而不腻，酒香浓郁，回味悠长。大麦芽64.2%、糙米7%、黑米6.2%、小米6.2%、小麦芽4.9%、荞麦4.4%、燕麦4.1%、薏苡仁1.9%、芡实0.6%、莲子0.3%、酒花0.3%；其中，所述大麦芽粉碎粒度在40目，其余辅料粉碎粒度在250目。粉碎后的辅料进行糊化，糊化温度为先90℃，20min，再100℃，30min；粉碎后的主料与糊化后的辅料一起进行糖化，糖化温度65℃，时间70min；糖化后的物料依次经过过滤（将糖化后的醪液升温至76℃，泵入过滤槽，使麦芽汁与酒糟分离，确保滤出麦芽汁清亮）、煮沸（过滤后的麦芽汁泵入煮沸锅，加热煮沸75min，煮沸强度8%~12%，煮沸过程中分两次添加酒花，初沸加入酒花总重量的2/3，煮沸结束前20min添加剩余量的酒花）、沉淀（煮沸后的麦芽汁泵入回旋沉淀槽，确保麦芽汁在槽内旋转速度在10r/min，沉淀20min）、冷却（沉淀后的麦芽汁经薄板冷却器降温冷却至7.5~9℃）、充氧（冷却后的麦芽汁充入无菌空气，使麦芽汁含氧量在8~12mg/L。）后添加酵母（酵母添加量为麦芽汁重量分数的0.8%），进行发酵，发酵方法为：自然发酵升温至10℃，当外观发酵度达到60%~65%时，升温至12℃还原双乙酰，当外观发酵度达到70%时，封罐，保持罐压0.08~0.12MPa，当双乙酰降至0.06mg/L时，进行降温，封罐三天开始回收酵母，降温至-1.5~0℃，保存七天以上，进行滤酒。发酵后得到的啤酒液进行原浆酒、鲜啤酒或熟啤酒的生产。当生产原浆酒时，可以不进行滤酒，而是将酒液从发酵罐接入清酒罐，再从清酒罐接到灌装机，灌装后再经巴氏杀菌，杀菌单位20~40PU，杀菌温度60~68℃，然后经贴标、装箱或塑封即可。当生产鲜啤酒时，将酒液从发酵罐接入硅藻土过滤机，除去酒液中的酵母、冷凝固物，得到澄清酒液，酒液浊度≤0.9EBC，滤出的清酒经灌装机装桶，灌装后经贴标即可。当生产熟啤酒时，将酒液从发酵罐接入硅藻土过滤机，除去酒液中的酵母，冷凝固物，得到澄清酒液，滤出的清酒经灌装机装瓶，再经巴氏杀菌，杀菌单位20~40PU，杀菌温度60~68℃，然后经贴标、装箱或塑封即可。

五、荞麦玛卡啤酒

玛卡是国际营养学家和医药专家公认的富含多种营养成分以及特殊功效的天然保健植物，具有抗疲劳、延缓衰老、增强性功能、活化细胞、增强心脏功能、调节血压、降低血脂、预防心脑血管疾病等功效，成为研发保健食品的热门原辅料，市面上有玛卡酒、玛卡固体饮料、玛卡饼干、玛卡醋、玛卡含片等多种玛卡保健食品。

荞麦玛卡啤酒的制备方法，大麦芽：豌豆：荞麦配比7：1：1取原料，然后将大麦芽、豌豆、荞麦以温水浸润，使原料水分达到25%时，适度破碎，心烂皮不烂，似梅花状最佳；在糖化锅内先放入48℃水，料水比为1：4.5，开搅拌器快速搅拌，升温至55℃保温1h，升温至65℃，依次加淀粉酶保温30min、加糖化酶保温60min，再降温至52℃，加啤酒酶保温30min，然后KI测试，当碘液反应呈浅紫色，表示糖化已近完全，再泵入过滤设备进行过滤即可得到原料醪液；使用过滤槽过滤原料醪液，过滤两次，然后合并滤液，弃掉原料糟，加水调整糖度，糖度调整至12°Bx；将通过调整糖度后的醪液，添加啤酒花，按1g/L添加，煮沸10min；通过板式换热器，快速冷却至12℃；泵入自动发酵罐中；将玛卡粉，按固液比1：15加入水，加入复合酶，复合酶的加入量按固料的0.3%添加，温度20℃，压力为150MPa下酶解45min；冷冻浓缩：将酶解液在冰箱中深度冷冻，温度在零下30℃；然后放入真空冷冻干燥机进行浓缩，得到浓缩液；将玛卡酶解浓缩液按0.2%的体积含量添到已冷却的发酵罐内的醪液中；然后按12%体积含量接入啤酒酵母培养液；设置自动发酵罐温度程序，前酵温度8℃，12h；然后主酵12℃，8d；后酵和贮酒：前酵与主酵阶段结束后，进入后酵阶段，设置发酵罐温度为0℃，发酵15d。

六、黑色啤酒

我国是世界第一大啤酒生产国，但啤酒产品的品种、风味很单一，几乎90%的啤酒产品都是以大麦芽为主料、大米为辅料的淡爽型啤酒。黑色食品具有较高的营养和保健价值，为适应大众需求，市场上出现了以黑麦芽和黑苦荞为主要原料酿造的啤酒。

通过调整黑色原料中整体蛋白质的含量，制作以黑小麦、黑小麦芽、黑香米、黑糯米、黑荞麦、焦糖麦芽、黑芝麻、黑花生、核桃、黑苁茸为原料的保健啤酒。黑荞麦中油酸和亚油酸含量相当高，此外还富含维生素P、维生素B_1、维生素B_2、维生素E以及微量元素镁、铁、钙、铜等，还含叶绿素、芦丁以及烟酸，有降低体内胆固醇、降低血脂和血压、保护血管的功能。适宜糖尿病患者、代谢综合征患者食用。

黑色啤酒的生产工艺：

原料浸泡 → 粉碎 → 配料 → 糊化 → 糖化 → 过滤 → 煮沸 → 发酵 → 过滤 → 罐装

将已粉碎的原料按比例放入容器中，并搅拌均匀，黑小麦芽与焦糖麦芽单独盛放；在淀粉酶的作用下，除了将黑小麦芽与焦糖麦芽外的所有原料放入糊化锅外，在70~75℃的温度下将料糊化，保温20min，升温至85~90℃，保温20min，升温至95~100℃，保温20min，同时，边糊化边搅拌；采用二次糖化工艺，将黑小麦芽与焦糖麦芽在47℃下放入糖化锅中，保温20min，与95~100℃的糊化醪进行第一次对醪，升温至65~68℃，保持60~100min，再进行第二次对醪，每隔5min进行一次碘检，直到糖化完全，升温到70~78℃，保温5~10min，糖化过程结束；将糖化后的原料过滤得麦芽汁清液；煮沸时维持温度在75~80℃，杀死微生物，同时加入酒花，1h后出液，沉淀，并降温至8~10℃；对冷却后的麦芽汁进行充氧，将冷却后的麦芽汁转入发酵罐，加入酵母进行发酵，保持温度8~10℃，前发酵12~24h，升温至10~12℃，进入主发酵阶段，压力维持在0.02MPa，发酵10~20d，发酵过程中每天取发酵液测量糖度，至糖度为2.5°Bex时，主发酵结束，降温至4~5℃，进入后发酵阶段，发酵7~10d，每天检测双乙酰含量，当双乙酰含量降低至0.08mg/L时，对发酵液进行降温至0~2℃，贮藏10~15d；将发酵后的酒过滤，并与脱氧水混合得原酒，过滤分为粗滤和精滤两步完成，粗滤可过滤大颗粒杂质，精滤主要是过滤悬浮物，可进一步提高过滤精度，提高透明度。

该啤酒泡持性好，口感醇厚协调，酯香突出，且具有益智、健脑、抗衰老、镇咳平喘、加速人体代谢、促进消化、防止便秘的功效。

参考文献

[1] 卞小稳. 荞麦在啤酒酿造中的应用研究[D]. 无锡：江南大学, 2016.

[2] 张燕莉. 苦荞啤酒浸麦、糖化工艺优化及酿造过程活性成分变化研究[D]. 合肥：安徽农业大学, 2013.

[3] 舒林. 苦荞麦啤酒糖化工艺研究及年产10万吨苦荞麦啤酒厂工厂设计[D]. 成都：西华大学, 2015.

[4] 韩丹, 王晓丹, 陈霞, 等. 苦荞麦制麦芽及其啤酒发酵工艺研究[J]. 食品与机械, 2010, 26（01）：125-128.

[5] 刘杰璞. 啤酒新产品的开发及风味研究[D]. 北京：北京化工大学, 2006.

[6] 王蕾, 卢庆华, 蔡禄, 等. 一种新型荞麦保健啤酒及其制备方法：CN108893213A [P]. 2018-11-27.

[7] 于佳俊, 王德良, 刘国华, 等. 一种低麸质啤酒及其制备方法：CN105176721A [P]. 2015-12-23.

[8] 张新建. 一种杂粮保健啤酒及其制作方法：CN105886183A [P]. 2016-08-24.

[9] 周海波. 一种十谷啤酒及其生产工艺：CN103146516A [P]. 2013-06-12.

[10] 赵煜, 彭涛, 路宏科, 等. 玛卡啤酒的制备方法：CN105087201A [P]. 2015-11-25.

[11] 黄金洪, 贾卫平, 廖周荣. 一种黑色食品啤酒及其生产工艺：CN102851162A [P].2013-01-02.

[12] 张燕莉. 苦荞啤酒浸麦、糖化工艺的优化及酿造过程中活性成分的变化研究[D]. 合肥：安徽农业大学, 2013.

[13] 王居伟.苦荞啤酒功能性成分研究[D]. 北京：北京农学院, 2012.

[14] 国家质量监督检验检疫总局.啤酒：GB 4927—2001 [S]. 北京：中国标准出版社, 2001.

第八章

荞麦发酵饮料

第一节　概述

一、发酵饮料概述

近年来，中国饮料市场蓬勃发展，碳酸饮料、茶饮料、果蔬汁饮料、功能性饮料占据较大比重。其中，发酵饮料也不断走向成熟，新技术不断发展，迎合消费者口味和理念的新产品不断涌现。根据国际饮料行业协会的新规定，发酵饮料是指饮料原料通过乳酸菌、酵母或其他允许使用的菌种发酵后调配而成的，酒精含量在1%（体积分数）以下的饮料。

按照GB/T 10789—2015《饮料通则》，涉及"发酵"的饮料包括：果蔬汁类及其饮料、果蔬汁（浆）类饮料、发酵果蔬汁饮料、蛋白饮料、含乳饮料、发酵型含乳饮料、乳酸菌饮料、植物蛋白饮料、复合蛋白饮料、风味饮料、植物饮料、经过发酵的某类饮料，可称为发酵某类饮料。发酵常用的菌种有乳酸菌、醋酸菌、酵母、食用菌和藻类，FAO/WHO 将"益生菌"定义为足量补充时，对宿主健康有益的活的微生物。发酵的原料包括谷物及其加工品和糖化液、乳、水果（汁）、蔬菜（汁）、蜂蜜等。发酵饮料按发酵微生物的种类划分，包括乳酸菌发酵饮料，这种发酵饮料是由乳酸菌参与发酵作用而生成的饮料，如布扎；醋酸菌发酵饮料，这种发酵饮料是由醋酸菌参与发酵作用而制作的饮料；酵母发酵饮料，这种发酵饮料是由酵母参与发酵作用而制作的饮料，如麦芽汁发酵饮料等；共生发酵饮料，这种发酵饮料是由两种或多种具有共生关系的不同品种的微生物共同参与发酵作用而酿制的饮料，如格瓦斯等。按所用原料种类分类，包括蛋白发酵饮料，这种发酵饮料的原料里含有丰富的蛋白质，它们也是微生物作用的主要对象（按蛋白质的属性不同，又分为动物蛋白发酵饮料，如酸乳；植物蛋白发酵饮料，如酸豆乳、酸花生乳等）；果蔬汁发酵饮料，这种发酵饮料的原料主要是果汁和蔬菜汁（按其原料品种的不同，又分为果汁发酵饮料，如草莓发酵饮料，蔬菜汁发酵饮料，如南瓜发酵饮料等）；谷物发酵饮料，这种发酵饮料的原料是粮食类，利用其中的淀粉进行发酵而制得的饮料，如格瓦斯；其他发酵饮料，除上述原料之外，如蜂蜜、中草药等均可发酵，经过微生物的发酵后含有大量的糖类及电解质和有益于调节身体平衡的功能因子，且摄入适量的益生菌有益于宿主的健康，符合现代人绿色健康、均衡营养的饮食理念，因此，新型功能性发酵饮料逐渐成为市场上的热销产品。近年来，国外发酵饮料竞争异常激烈，如俄罗斯的格瓦斯、日本的养乐多、德国的Alnatura等。中国发酵饮料市场也在蓬勃发展。人们生活水平的不断提高，对膳食合理卫生要求不断提高，谷物饮料的发酵技术不断走向成熟，已成为饮料行业发展的新机遇。我们的传统饮食结构是以植物性食品为主，其中谷类食品是中国传统膳食的主体，是人体能量的主要来源，也是最经济的能量食物，同时谷物还能为人体提供蛋白质和半纤维素、纤维素、无机盐、维生素等聚合物及种皮、胚芽中的油脂和其他功能性成分，如高级醇、碳水化合物、蛋白质、膳食纤维及B族维生素。

二、发酵饮料历史及发展现状

发酵饮料可以追溯到几千年之前，发酵饮料的发展已由最初的啤酒发展到现在琳琅满目的商业化发酵饮料。发酵食品及饮料最初是由非洲、亚洲及南美的一些国家利用玉米、小麦、木薯、大米、大豆及水果等原材料生产出来的。发酵方式也从最初的自然发酵逐渐转变为工业化的纯菌种发酵，大大提高了发酵饮料风味的稳定性，也促进了发酵饮料的工业化生产。

从工业化角度来讲，发酵饮料在我国的发展历史来讲，经过了两个阶段，第一阶段始源于20世纪80年代，主要产品类型为乳酸奶饮料（乳酸菌饮料），以娃哈哈AD钙奶、乐百氏健康快车为代表；第二阶段的主要产品类型是果醋、格瓦斯、谷物发酵饮料，以苹果醋为主的各类果醋、源于俄国的格瓦斯、枸杞汁发酵饮料等开始流行。2014年饮料行业正式提出发酵果蔬汁饮料，于2016年被各行业关注并日趋成熟，成为发酵饮料的又一里程碑阶段。在日本及欧洲许多国家，发酵乳酸菌乳饮料在乳制品市场比例已达到70%，在北美国家乳制品市场约占30%，发酵饮料产业在全球大大超过了其他饮料制品的增长率。未来发酵饮料将向强化功能、强化营养、低能量等方向发展，促进发酵饮料行业绿色健康发展、满足人们生活所需。

乳酸菌（Lactic acid bacteria，Lab）是一类可用糖类发酵产生乳酸的细菌总称，这类细菌菌体主要呈球状或杆状，通常有较好的耐酸性，生长条件为兼性厌氧。乳酸菌主要分为乳杆菌属（*Lactobacillus*）、双乳杆菌属（*Bifidobacterium*）、链球菌属（*Streptococcus*）、乳球菌属（*Lactococcus*）等。乳酸菌主要用于乳制品发酵，在整个制作过程中会尽可能地保证产品中的活菌数，得到具有活的乳酸菌产品。活菌产品一方面能改善产品的适口性，增加产品的风味，另一方面让有益菌进入人体肠道，平衡肠道菌群，帮助维持肠道健康。现阶段乳制品发酵技术已基本成熟，研究人员已将乳酸菌应用在其他领域，如谷物饮料中。

三、荞麦发酵饮料研究现状

发酵是粮食深加工最重要的一种方法，发酵可使谷物中复杂的成分（淀粉、蛋白质、脂肪和糖）在微生物的作用下分解成简单物质（有机酸类、氨基酸类、醇类、核酸类、生物活性物质等）。有一部分人因患有高血脂、高胆固醇等病症，不适合饮用乳类相关制品，而豆类和谷物类因含有蛋白质和油脂，有与乳类相似的口感，被用作发酵原料的替代品。近几年纯谷物发酵研究逐渐增多。研究益生菌发酵青稞饮料，通过优化发酵时间、起始pH、发酵温度、益生菌接种量，得到酸度为68.67°T活性益生菌发酵青稞饮料。研究乳酸菌发酵燕麦，结果发现保加利亚乳杆菌发酵燕麦，口味独特，感官评价较好。以糜米、大米、玉米碎为主原料，利用植物乳杆菌CGMCC 8198发酵，最终获得pH为3.89，乳酸含量为19.78mol/L，活菌含量为6.87×10^8CFU/mL的混合发酵谷物饮料，饮料相态均匀，呈米白色，口感酸甜，具有谷物风味。用短乳杆菌CGMCC 1.214和乳酸乳球菌CGMCC 1.62进行混合发酵藜麦，经过糊化、液化、糖化、灭菌及发酵工艺制备的藜麦乳酸菌饮料，活菌数为（9.176 ± 0.001）lg（CFU/mL），总黄酮含量为（0.361 ± 0.016）mg/100mL，总酚酸含量为（0.387 ± 0.009）mg/100mL，γ-氨基丁酸含量（0.681 ± 0.003）mg/mL，DPPH自由基清除率为95.02%，ABTS自由基清除率为97.70%，该产品呈淡黄色，具有一定特殊香味，具有一定的抗氧化能力。

荞麦发酵饮料的研究较少，荞麦发酵型饮料是以荞麦为主要原料，采用发酵工程和酶法相结合的技术，利用酶将荞麦中的淀粉转化为菌可利用的低聚糖，添加适当的氮源物质，经发酵制备的一种功能性荞麦发酵饮料。这样就极大地提高了荞麦营养物质的消化吸收，改变了荞麦食品适口性，既保存了荞麦的营养价值，又具有发酵制品的营养保健作用，口感独特，产品成本低廉，有着很大的市场发展潜力。

第二节　荞麦发酵饮料的生产工艺

谷物中含大量淀粉，加工过程中会使淀粉糊化，使淀粉成糊，再通过添加淀粉酶，降低淀粉糊黏稠度，使淀粉由大分子多糖分解为小分子的可溶性糖类，极大程度地提高谷物的营养价值，增加人体对营养的吸收率和利用率，产生的糖类也可用于发酵，有利于乳酸菌发酵。利用α-淀粉酶和糖化酶进行双酶解工艺优化，使制得的荞麦醪液中含有较多的碳源、氮源和营养因子，为后续发酵提供更好的原料。发酵对荞麦粉的改良起到很好的作用。有研究表明，发酵后苦荞粉的保水力、溶解度分别增加了1.7倍和1.4倍；谷蛋白溶胀指数（SIG）提高了83.8%；葡萄糖和还原糖含量提高了46.0%和35.9%；淀粉和总糖的含量有所下降，分别降低了12.2%和6.9%；另外，发酵后苦荞粉的膨胀率有所下降，但与原苦荞粉相比，差异并不显著。因此，发酵可提高苦荞的利用价值。

一、荞麦发酵饮料

1. 工艺流程

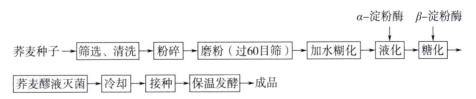

2. 操作要点

（1）荞麦种子、磨粉　要求荞麦种子新鲜、饱满，磨粉过60目筛。

（2）加水糊化　将荞麦粉以1:12比例加水，充分震荡混匀，放置于80℃水浴锅中不间断晃动，糊化30min。

（3）液化　经过糊化的荞麦汁置于65℃、140r/min摇床中，在pH=7的条件下，加入α-淀粉酶8U/g，液化40min，在此条件下的DE值达到19.87%。

（4）糖化　经过液化的荞麦汁置于65℃、140r/min摇床中，在pH=7的条件下，加入β-淀粉酶1400U/g，糖化85min，在此条件下的DE值达到45.92%。

（5）灭菌、冷却　将液化糖化后的荞麦酶解液，95℃水浴灭菌30min，冷却至室温。

（6）接种　短乳杆菌和乳酸乳球菌分别用MRS培养基进行菌种活化后，活菌数均为9.00lg（CFU/mL），按体积比为1∶1、接菌量为3%接种到灭菌冷却后的荞麦酶解液中。

（7）保温发酵　在31℃恒温恒湿培养箱中静置发酵，培养22h。

根据其是否经过杀菌处理而区分为杀菌（非活菌）型和未杀菌（活菌）型。发酵型含乳饮料还可成为酸乳（奶）饮料、酸乳（奶）饮品，成品中蛋白质含量不低于1.0g/100g。

二、荞麦乳酸菌饮料（按照菌种不同分类）

乳酸菌在乳品加工中的应用，主要是生产各类发酵乳制品。例如，干酪、酸凝乳和乳酸菌饮料。乳酸菌饮料常用的菌种可以分为以下五种类型，乳杆菌属、链球菌属、明串珠菌属、双歧杆菌以及片球菌属，苦荞乳酸菌饮料是以苦荞粉、乳粉为主原料，辅以蔗糖、食盐和枣花蜜，应用保加利亚乳杆菌和嗜热链球菌发酵，所得苦荞乳酸菌饮料组织状态均匀细腻，柔润适口，同时含有多种维生素、氨基酸和无机元素，可作为一种绿色营养健康饮品。

工艺流程如下。

苦荞麦粉+乳粉 → 蒸煮糊化 → 液化、糖化 → 接菌 → 发酵 → 辅料 → 灭菌 → 澄清 → 均质 → 成品

三、荞麦格瓦斯发酵饮料

格瓦斯发酵饮料：以面包或麦芽汁经乳酸菌和（或）酵母发酵制成的液体

或其浓缩液为原料，添加或不添加其他食品辅料和（或）食品添加剂制成的液体饮料。

1. 工艺流程

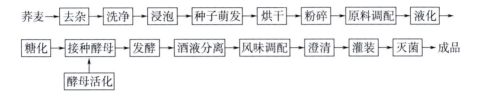

2. 操作要点

（1）种子萌发　用清水将甜荞和苦荞洗净，清水浸泡24h，沥干后平铺于盘中，于25℃培养箱中培养3d。

（2）粉碎　发芽后的种子置于60℃鼓风干燥箱中干燥24h，然后粉碎，过40目筛。

（3）原料调配　甜荞麦芽、苦荞麦芽、大麦芽按照1∶2∶1的比例进行混合。

（4）液化　在调配好的麦芽中加入一定量的无菌水，然后加入0.5%的淀粉酶，85~90℃水浴30min。

（5）糖化　将液化好的麦芽降温至60℃，调节pH为3.5，添加4%的糖化酶，60℃水浴中保温40min。

（6）酵母活化　取一定量的活性干酵母，加入25倍活性干酵母量的5%葡萄糖溶液中，45℃水浴中活化40min。

（7）发酵　在糖化后的麦芽中添加0.5%酵母，按照一定料液比在适宜的温度下进行发酵。

（8）酒液分离　将发酵后的酒液放入离心管中，3000r/min离心30min。

（9）风味调配　在发酵液中加入一定量的蔗糖、柠檬酸和破壁后的马尾松花粉进行风味调配。

四、苦荞芽发酵饮料

有学者研究发现，种子发芽处理可以降低或抑制谷类和豆类中有害、有毒或抗营养物的含量，提高蛋白质和淀粉的消化率及某些谷类中限制性氨基酸和维生素等物质的量。

苦荞芽菜具有丰富的营养物质和功能活性物质，但目前国内市场却很少出现相关的产品，可能造成这种情况的原因在于苦荞芽菜生产成本偏高，并且其质地脆弱、柔嫩多汁、易萎蔫、难保藏。苦荞芽菜营养高、品质佳、加工性好、功能性极强，因此利用红曲霉发酵制作出的苦荞芽发酵饮料清澈透明、无杂质，呈均匀橙红色或者浅黄色，风味清新、无异味，口感醇正、酸甜适中，对DPPH、ABTS自由基具有一定的清除作用，具有较高的抗氧化活性。

1. 工艺流程

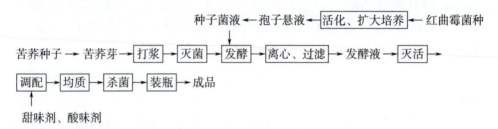

2. 操作要点

（1）活化、扩大培养　红曲霉菌种的复苏、活化和扩大培养过程中最关键点在于无菌操作，要求红曲霉菌种能正常生长并繁殖，防止被其他杂菌感染，保持菌种的纯正性和一致性。

（2）苦荞芽　苦荞芽在4℃低温密封条件下保存不超过48h。

（3）发酵选用红曲霉种子菌液接种到灭菌后的苦荞芽浆汁中，采用摇瓶液态发酵装置，让红曲霉和发酵底物更密切的接触，为更好地满足红曲霉的生长和产色素的需要，在适宜的温度、通风和摇瓶转速下培养7~11d。发酵液做微生物及相关酶类的灭活。

（4）调配　调配需要将经红曲发酵后获得的发酵液作为饮料最基础的原料，选择适宜的甜味剂、酸味剂和相关辅料按照一定比例混配，以感官评分为指标，确定饮料的最终配方。

（5）均质　经过调配后的饮料原液，可能混合不均匀，相关添加剂以及辅料的溶解性不足，因此，选择将混合后的饮料原液热处理（65~70℃）、均质处理（20MPa）、低温澄清处理，使液体细微、柔和、均匀、稳定、无固体沉淀，保证饮料的均匀性和统一性，增强饮料的适口性和感官品质。

第三节　荞麦发酵饮料的功能活性

现研究表明乳酸菌对人体起到一定的益生作用，属于益生菌，主要对肠胃不适的改善起重要作用，例如能调节肠道菌群，缓解腹泻，改善便秘等。乳酸菌发酵饮料中，乳酸菌发酵代谢产物可减轻胃酸分泌、酶的分泌和肠道的蠕动，还能抑制病原菌。发酵饮料的功能特点主要包括提高免疫力、维持肠道正常功能、缓解疲劳、降低血糖、减少炎症反应、保护肝脏和促进新陈代谢。乳酸菌会产生超氧化物歧化酶（SOD酶）、过氧化氢酶、硫醇类等活性抗氧化物质，具有较强抗氧化活性。荞麦发酵饮料的益处众多，发酵过程中伴随着大分子降解、代谢合成和生物转化等一系列生化反应，产生有益人体健康的新产物。荞麦发酵饮料可改进营养属性（血糖指数下降、氨基酸含量增加、改善矿物质的生物利用度等）、改善产品感官属性（风味、色泽等）。

第四节　荞麦发酵饮料产品

一、荞麦发酵乳饮料

（一）苦荞山药酸乳饮料

以苦荞粉、乳粉、山药为主原料，辅以蔗糖、食盐和枣花蜜，应用保加利亚乳杆菌和嗜热链球菌发酵，研发苦荞酸乳健康饮料，同时对生产工艺进行优化，为消费者提供一种营养健康的绿色饮品。

原料配方：苦荞1kg、牛乳0.5kg、山药0.2kg、蔗糖136g、食盐0.17g、枣花蜜0.34g、保加利亚乳杆菌、嗜热链球菌。

（二）荞麦胡萝卜乳饮料

原料配方：白砂糖80kg、乳酸1kg、脱脂乳粉30kg、CMC-Na 1kg、荞麦30kg、胡萝卜70kg、柠檬酸2kg、三聚磷酸钠0.4kg、PGA2kg、乳酸菌。

（三）竹香黑木耳荞麦乳酸发酵饮料

产品具有黑木耳本身的营养和生理活性，同时又有乳酸菌饮料的特点，益肠道，美味健康；有竹叶的清新香气，以及败酱草、马齿苋、金荞麦、缬草的过滤提取物添加，使产品有一定的清热解毒、安神理气的功效。

原料配方：黑木耳25g、蒸馏水460g、保加利亚乳杆菌12g、脱脂鲜乳290g、竹叶茶10g、金荞麦8g、绿豆皮8g、败酱草5g、马齿苋3g、缬草4g、木香5g、蔗糖70g、黄原胶0.35g、CMC复合稳定剂0.4g、白醋适量。

二、荞麦格瓦斯发酵饮料

（一）苦荞格瓦斯保健饮品

以具有降脂、降压、排毒养颜的苦荞为主要原料，经微生物发酵生产苦荞格瓦斯饮品，方法简单易行。制得的饮品兼具苦荞和格瓦斯的口感特征和风味，保健功能方面既具有格瓦斯开胃、健脾功能又具有苦荞预防糖尿病、心血管硬化、高血压、健胃消食、增强免疫力等功效。

原料配方：苦荞、发面馒头、酒花、酒曲。

（二）三麦格瓦斯

三麦格瓦斯的特征在于保持了传统格瓦斯固有的风格特性，并具备一定降糖、降脂、降压、减肥健美等保健功效。风味幽雅，口感独特、营养丰富、泡沫洁白、杀口感强。清亮透明，无沉淀、爆瓶，质量稳定、保质期长。适用于男女老幼及糖尿病、高血压、肥胖人士饮用。具有特别广阔的市场开发前景。

原料配方：燕麦、荞麦、黑麦、酵母、面包粉、蛋白糖。

（三）荞麦–马尾松花粉格瓦斯发酵饮料

格瓦斯饮料以甜荞、苦荞、大麦为原料，并与松花粉这种对人体更加有益的原材料相搭配，在保留传统格瓦斯焙烤香与麦芽香外，融合了天然马尾松花粉的清香。荞麦中的黄酮和马尾松花粉中的可溶性多糖丰富了格瓦斯饮料的营养成分，在格瓦斯饮料中添加了新的健康理念。

原料配方：苦荞、甜荞、大麦、马尾松花粉、酵母、食醋。

（四）荞麦–甘薯格瓦斯

利用荞麦和甘薯制作的格瓦斯风味独特，营养丰富，是一种理想的保健饮品。

原料配方：荞麦粉100g、甘薯糖浆100g、白糖100g、蜂蜜45g、开水9000g、生酵母30g、焦糖色素40g、葡萄干50粒。

（五）荞麦面包格瓦斯

以荞麦面包为主要原料加入酵母和乳酸菌进行发酵制得的格瓦斯具有一定的营养性、甜味和充足的二氧化碳气，并具有一定的棕红色泽和特殊的焦糖香气。这种饮料澄清透明，具有类似啤酒一样的清香风味和令人愉快的微苦感，能增加人们的食欲。通常将酒花浸出液拌入面粉中制成面包，并在以后的面包浸出汁中再次加入酒花。为了赋予格瓦斯以果汁型香气，还常常在配料时添加果味香精，但添加量不能过大，因为加入量过大时会降低格瓦斯本身的典型风味。

原料配方：荞麦面包100g、白糖30g、酒花水50g（1份酒花加20份水煮沸20min后过滤）、葡萄干10颗。

（六）炒荞麦茶制格瓦斯

因荞麦茶的味道近似格瓦斯，所以有些区域使用炒荞麦茶原料制作格瓦斯。

原料配方：荞麦茶500g、开水12000g、生酵母35g、白糖600g、葡萄干60粒、柠檬皮1个、蜂蜜60g。

（七）荞麦黑面包格瓦斯

原料配方：荞麦黑面包750g、生酵母30g、柠檬皮1个、白糖400g、焦糖色40g、开水9000g、蜂蜜45g、葡萄干50粒。

三、荞麦复合醋饮料

（一）苦荞醋酸发酵保健饮料

利用具有食疗功能的苦荞，经酒精发酵、醋酸发酵及后期调制，研制出富含芦丁的醋饮料。根据芦丁的化学性质，用高酸度（酸度高于4.6/100mL）的醋酸发酵液使芦丁形成盐类以增加其在饮料中的溶解度，产品中含有B族维生素、维生素C等可被机体利用的物质，可增强食欲、促进胃酸分泌，帮助消化吸收。

原料配方：苦荞、糖化发酵剂、麸皮、谷糠、酵母膏、葡萄糖、醋酸菌。

（二）发芽黑苦荞山楂果醋饮料

产品营养丰富，开瓶即饮，黄酮类物质含量较高，抗氧化、降血脂、调节肠胃、抗癌防癌、缓解疲劳等功能性突出。

原料配方：黑苦荞、山楂、糖、酒精、醋酸、β-环糊精、α-糖苷酶、D-异抗坏血酸。

（三）荞麦醋酸发酵饮料

荞麦醋酸发酵饮料是利用醋酸菌对荞麦淀粉进行发酵，生产出的一种别有风味的饮品。醋酸饮料的生理功能目前已引起营养学界的广泛重视。醋酸能够解除人体疲劳、消除肌肉疼痛、降低血压、分解血胆固醇、预防动脉硬化和心血管病的发生，同时还有增进人体对钙质的吸收、预防缺钙和骨质疏松的作用。另外，醋酸有醒脑提神，生津止渴，增进食欲，促进消化和保护皮肤的功能。醋酸在食物中添加，可增强口感，减少食盐的添加量，对无法摄入高盐食品的患者有益。烹调时，醋酸可抑制菜肴中维生素C的氧化，解除油腻，保护亚油酸，同时还有生香及解毒作用。

原料配方：荞麦醋酸发酵液（含醋酸2.5%）20%、水蜜桃清汁10%、白砂糖8%、水62%、香精适量。

四、荞麦芽发酵饮料

（一）苦荞芽苗

苦荞经过发芽后所得芽菜具有营养丰富，氨基酸配比合理，蛋白质消化利用率高，单糖含量高，不饱和脂肪酸、维生素和矿物质丰富，抗营养因子低，无过敏机制，富含大量生物黄酮类物质的特点，并具有较强的抗氧化、降"三高"、降低毛细血管通透性和维持微血管循环等功能活性，是一种优质的营养保健食品资源。生产出来的新型苦荞茶具有色泽良好、香气持久、口感醇厚、营养丰富的特点，尤以黄酮类物质含量居高而成为一种具有保健作用的良好茶品，市场前景广阔。

原料配方：苦荞芽苗、苦荞茶、植物乳杆菌、果葡糖浆、黄原胶、羧甲基纤维素钠、海藻酸钠、乙醇、氢氧化钠、水。

（二）荞麦芽汁发酵饮料

荞麦芽中含有多种酶类、多种人体必需氨基酸及各类维生素，特别是含有丰富的B族维生素和维生素E。此外，还含有糖脂和磷脂，矿物质和多种微量元素。因此，以苦荞芽为原料经发酵而成的苦荞芽汁发酵饮料是一种很好的营养保健品。

产品酸甜适口，含多种氨基酸、矿物质、维生素、微量元素，营养丰富。

原料配方：荞麦粒、水、α-淀粉酶、保加利亚乳杆菌、法国面包酵母、蔗糖、有机酸、果汁、香料。

（三）荞麦胚芽发酵保健饮料

荞麦胚芽的营养价值极高，含有人体必需的9种氨基酸、丰富的不饱和脂肪酸、微生物和微量元素。以荞麦胚芽为原料，辅以适量的蔗糖、牛乳，经乳酸菌发酵后可调配成营养价值高、风味独特的荞麦胚芽发酵保健饮料。

荞麦胚芽液经乳酸菌发酵后，酸味柔和，香气纯正，并保留了荞麦胚芽中的营养物质，营养价值极高。

原料配方：荞麦胚芽100g、蔗糖70g、牛乳60g、复合稳定剂0.07g、保加利亚乳杆菌20g、嗜热链球菌20g。

（四）共生发酵荞麦芽汁饮料

以荞麦芽汁和果蔬汁为原料，用脆壁克鲁维酵母和乳酸菌同时进行乙醇和乳酸发酵酿制而成，是一种营养丰富，含有大量乳酸菌并且风味别具一格的健康饮料。

产品酸甜可口，清爽宜人。利用荞麦芽汁和果蔬汁原料的各种营养成分，并通过特殊酵母和乳酸菌的共生发酵，使所酿饮料的复合香味更加浓厚宜人。

原料配方：荞麦芽、脆壁克鲁维酵母、保加利亚乳杆菌、嗜热链球菌、砂糖、柠檬香精、番茄、乳酸克鲁维酵母。

五、荞麦叶发酵茶饮料

（一）苦荞酵素茶饮料

通过精选苦荞叶、清洗、摊晾、晒青、晾青、半发酵结合果胶酶处理、杀青、三揉三烘、摊放等传统制茶与现代发酵技术相结合的工艺，制作的苦荞叶茶较传统工艺加工的苦荞叶茶茶香味醇厚、风味独特、没有青涩味、口感佳、色泽黄绿明亮，而且具备降糖功能的成分，如黄酮、茶多酚等，茶汤中所具有的DPPH自由基清除能力、超氧阴离子清除能力和羟自由基清除能力，比现有技术均有显著的提高。

原料配方：苦荞80g、茶叶26g、决明子12g、黑芝麻12g、蔗糖或蜂蜜5g及醋酸杆菌与枯草芽孢杆菌的复合菌2.4g、糖化酶1.8g、中性蛋白酶0.8g。其中，复合菌中醋酸杆菌与枯草芽孢杆菌的质量之比为7∶1。

（二）苦荞罗汉果茶发酵饮料

饮料口感好，无涩味，质量稳定，而且其对肠道具有调节改善作用，能有效提高人体排毒能力，还具有益肝健脾及养肤美容等作用。在茶叶的发酵过程中加入了罗汉果提取物，罗汉果含罗汉果苷，较蔗糖甜300倍，将罗汉果提取物作为原料制备发酵饮料，不仅营养丰富，而且所含甜味物质能够代替传统的糖类调味，制得的饮料热量低，糖分极少，但甜度适宜，可以适用于糖尿病患者等特殊人群。

原料配方：绞股蓝茶叶、荞麦、约氏乳杆菌、罗汉果提取物、芦荟、甘蔗、葡萄。

（三）荞麦金银花发酵茶

荞麦金银花茶是以荞麦红茶或者乌龙茶作为茶坯、配以能够吐香的金银花作为原料，制作出的具有金银花香味的荞麦花茶。金银花自古被誉为清热解毒的良药。它性甘寒、气芳香，甘寒清热而不伤胃，芳香透达又可祛邪，可增强机体防御机能。金银花既能驱散风热，还能清解血毒，抗内毒素，用于各种热性病，如身热、发疹、发斑、热毒疮痈、咽喉肿痛等症，效果显著，还具有降血脂和抑制中枢兴奋作用。

原料配方：荞麦红茶、金银花。

六、其他

（一）发酵型神秘果荞麦复合饮料

神秘果（*Synsepalum dulcificum Daniell*），又称变味果，属于山榄科多年生矮生灌木，通过将神秘果、荞麦等营养成分引入到复合饮料当中，同时添加多种保健有益成分，提高了复合饮料的营养价值；其口感丰富，具有清逸果香，在补充人体所需营养物质的同时，还具有补益中气、健脾养胃、健脑益智等功效，能提高机体抗病能力，非常有益人体健康。

原料配方：神秘果30g、蚕豆3g、荞麦8g、金南瓜汁2g、菠菜汁2g、营养液8g、温开水适量、甜味剂5g、稳定剂2g、薏苡仁油2g、椰子粉2g。所述的营养液由下述重量份的原料制成：香菇3g、苹果花2g、荔枝草1g、人参叶1g、紫罗兰1g。

（二）发酵型蜜柑金珠果荞麦复合饮料

通过将蜜柑、金珠果、荞麦等营养成分引入到饮料当中，提高了复合饮料的营养成分，口感丰富，入口酸甜适宜，具有清逸果香，在补充人体所需营养物质的同时，还具有补益中气、健脾养胃、健脑益智等功效，能提高机体抗病能力，非常有益人体健康。

原料配方：蜜柑30g、金珠果30g、蚕豆5g、荞麦8g、苦瓜汁3g、甜味剂5g、稳定剂2g、橄榄油2g、螺旋藻粉1g、人参5g、玫瑰花2g、柠檬草2g、荷叶2g、迷迭香1g。

（三）发酵型佛手柑金珠果复合饮料

通过将佛手柑、金珠果、荞麦等营养成分引入到复合饮料当中，同时添加木瓜粉、丹参等等保健有益成分，使口感更为丰富，能提高机体抗病能力，具有较高的营养价值和经济价值，市场前景广泛。

原料配方：佛手柑、金珠果、荞麦、黑米、胡瓜汁、葛根汁、营养液、温开水、甜味剂、稳定剂、橄榄油、木瓜粉。

（四）核桃荞麦蜂蜜发酵饮料

该饮料色泽均匀、有光泽，静置无沉淀、无絮状物，配方科学，无苦涩味，营养全面，味道醇厚，口感细腻，能提高人体免疫力，适合各类人群。

原料配方：核桃40~50g、玉米15~18g、荞麦15~20g、蜂蜜12~15g、山楂3~5g、丹参1~3g、刺五加1~3g、五味子2~4g、杜仲3~5g、菊花4~6g、茯苓3~6g、三七2~5g、黄瓜藤2~4g、巴戟天3~5g、党参2~4g、纯净水1000~2000g。

（五）菠萝荞麦发酵饮料

菠萝果实气味芳香，果实甜美，营养丰富，具有健脾和止咳利尿等功效。以荞麦为原料，经过发酵、过滤、澄清等工艺先加工成荞麦汁，然后在荞麦汁中添加菠萝汁，加工成风味优美，营养丰富的菠萝荞麦发酵饮料。产品为柠檬黄色，半透明状，具有荞麦香味和菠萝清香，有酒味但不刺激，无大颗粒，成品均匀一致。

原料配方：荞麦100kg、小曲适量、糖化酶100g、白砂糖、食用乙醇、柠檬酸各适量。

参考文献

[1] 王磊, 陈宇飞, 刘长姣.发酵饮料的开发现状及研究前景[J].食品工业科技, 2015, 36（10）: 379-382.

[2] 郭慧敏.荞麦营养品质分析及新型苦荞茶研制[D].天津：天津大学, 2017.

[3] 马麟.苦荞芽菜培育条件的优化及其发酵饮料的研制[D].成都：西华大学, 2016.

[4] 成剑峰.苦荞麦醋酸发酵保健饮料[J].山西食品工业, 2001（03）: 17-18.

[5] 黄永光, 姜莹, 周纪延, 等.荞麦-马尾松花粉格瓦斯饮料发酵条件的优化[J]中国酿造, 2016, 35（02）: 61-65.

[6] 马永强.格瓦斯与谷物发酵饮料的创新与发展[J].饮料工业, 2016, 19（03）: 53-56.

[7] 赵辰路.荞麦-松花粉复合营养格瓦斯饮料的研究及开发[D].贵阳：贵州大学, 2015.

[8] 郑佳.降胆固醇益生菌发酵酸奶及其延长保质期的研究[D].贵阳：贵州大学, 2019.

[9] 贺学林.荞麦发酵食品开发[J].杂粮作物, 2002（04）: 239-240.

[10] 王敏.发酵饮料研究现状与发展趋势[J].饮料工业, 2016, 19（05）: 69-70.

[11] 赵宝丰.碳酸饮料 发酵饮料制品410例[M].北京：科学技术文献出版社, 2003.

[12] 李娟.饮料生产技术[M].北京：中国质检出版社, 2018.

[13] 邓舜扬.新型饮料生产工艺与配方[M].北京：中国轻工业出版社, 2000.

[14] 李基洪.软饮料生产工艺与配方3000例上[M].广州：广东科技出版社, 2004.

[15] 杨天予.藜麦乳酸菌发酵饮料制备工艺及其抗氧化活性研究[D].北京：北京农学院, 2019.

第九章
荞麦酸乳

第一节　概述

一、酸乳的概述

酸牛乳是采用优质纯鲜牛乳加入白糖均质，经超高温灭菌后接入乳酸菌发酵后制成的一种发酵型乳制品。在发酵过程中，鲜牛乳中的酪蛋白遇酸凝固，成为有弹性的凝块，颜色乳白、气味清香、酸甜可口。GB 19302—2010《食品安全国家标准　发酵乳》中规定，产品中的乳酸菌数不得低于1×10^6/mL，酸度应≥70°T。

酸乳具有多种保健功能，它不但能治疗神经性厌食症，还能降低患结肠癌和乳腺癌的风险。酸乳由于有乳酸菌的发酵作用，在营养成分得到改善的同时，也产生了一些生理活性物质，如有机酸、芳香物质、抗生物质、细胞壁胞外多糖、乳酸菌增殖因子及乳酸菌等，对机体功能有显著的调节作用，能达到防病治病的效果。与牛乳相比，酸乳的营养成分更趋完善和更易被消化吸收，内含的乳糖被部分分解成半乳糖和葡萄糖，后者进而转化为乳酸等有机酸。酸乳中还含有细胞壁胞外多糖、矿物质、芳香物质、呈味物质等。这些物质在提供机体营养、调节肠道微生态、促进人体健康方面都起着重要作用。

我国制作酸乳的历史悠久，后魏贾思勰著《齐民要术》记载了酸乳的做法："牛羊乳皆得作，煎乳四五沸便止，以绢袋滤入瓦罐中，其卧酪暖如人体，熟乳一升用香酪半匙，痛搅令散泻，明旦酪成。"100多年前，北京有俄国人开的酸乳铺，后来上海有手工制作酸乳的乳店；1919年，我国从国外引进菌种，用机器生产酸乳；20世纪60年代，天津、哈尔滨等地用手工方式制作酸乳；20世纪70年代初，天津、北京等地用半机械化生产酸乳。进入20世纪80年代后，北京、天津、上海、广州、西安、哈尔滨等地建起了现代化酸乳生产线；20世纪80年代中期，我国的乳酸菌饮料实现了商品化。随着微生态学的发展，对某些产酸菌的培养技术、在消化道的分布、内在关系及对人畜健康等作用的深入研究，人们发现这些微生物对生物体健康有潜在的有益作用，所以逐渐直接由机体分离乳酸菌（*Lactobacillus*）、双歧杆菌（*Bifidobacterium*）等，再配合传统菌种进行发酵。日本除有一般双歧杆菌饮料和食品外，还有专门用于治疗和婴儿用的双歧杆菌粉等。此外，美国、法国、德国、英国等国家的酸乳品种与日俱增。随着科学技术的进步，人们对乳酸菌的特性与功能的了解逐渐深入，乳酸菌的保健作用及医疗价值通过大量试验得到证实，有些发酵乳中的乳酸菌是活菌体，其有益生理作用更为明显。近年来，发酵乳的保健、长寿、美容等功效，不断为现代医学所揭示，它作为嗜好性食品，迅速发展。

二、酸乳的分类

目前国内生产的酸乳制品绝大多数是由保加利亚乳杆菌（*Lactobacillus Bulga ricus*）和嗜热链球菌（*Streptococcus thermophilus*）的混合菌种发酵制得。其特征风味物质以乙醛为主，实为醛香酸乳。这两种菌是世界各国制造酸乳的基本乳酸菌，有人称之为必需菌。酸乳的分类有以下几种。

按脂肪的含量分类：全脂酸乳的脂肪量是3%~4%；脱脂酸乳是指除去乳上层的脂肪（奶油），所含的脂肪在1%以下的酸乳。牛乳经过标准化处理将其中的脂肪分离出去，剩下的脱脂牛乳再经过发酵，生产的产品就叫低脂酸乳，一般情况下要求脂肪小于0.5%。

按酸乳的自然属性分类：分为凝固型、搅拌型、饮料型。凝固型酸乳是在容器中发酵的酸乳，并直接用容器出售，就是所谓的先灌装后发酵。搅拌型酸乳：是指将果酱等辅料与发酵结束后得到的酸乳凝胶体进行搅拌混合均匀，然后装入杯或其他容器内，再经冷却后熟而得到的酸乳制品。

按风味分类：分为原味、水果味或其他风味。

按接种菌株分类：分为嗜酸乳杆菌酸乳、双歧杆菌酸乳或A-B[酸乳在牛乳中加入嗜酸乳杆菌（简称A）和双歧杆菌（简称B）]的混合菌株培养物。

（一）嗜酸乳杆菌酸乳

保加利亚乳杆菌被证实不能在人肠道内存活，而嗜酸乳杆菌（*Lactobacillus acidophilus*）则为人胃肠腔内的正常栖居菌，使用后者作为发酵剂制作的酸乳为嗜酸乳杆菌酸乳。其特点是能合成较多的烟酸、维生素C和维生素B_{12}等。

（二）双歧杆菌酸乳

自21世纪初Tissier发现并指出双歧杆菌（*Bifidobacterium*）对机体的重要意义以来，曾在多次国际会议上讨论过双歧杆菌对人体保健的有益作用。其后开发了许多双歧杆菌产品。在酸乳中添加的有关菌种主要是两歧双歧杆菌、婴儿双歧杆菌和长双歧杆菌等；有的还可添加双歧杆菌生长促进因子，如多种低聚糖等。

（三）A-B 酸乳

希腊、美国和日本等国自1987年起，在牛乳中加入嗜酸乳杆菌和双歧杆菌的混合菌株培养物，生产A-B产品；有的地方则生产嗜酸乳杆菌——双歧杆菌酸乳（A-B yoghurt）。

（四）路透乳杆菌乳及"BRA"牛乳

异型发酵乳杆菌在健康人的肠道内占优势，尤其是发酵乳杆菌及其近亲路透乳杆菌（*L. Reuteri*）。后者能将甘油代谢为广谱的强力抗微生物剂——路透素（*Reuterin*），已证明其对动物有减少发病率和促进增重等作用，对人体也有保健功效，遂被加入牛乳或酸乳中去。瑞典等国厂商将几种菌株发酵培养物加入乳中，制成"BRA"牛乳（B—双歧杆菌、R—路透乳杆菌、A—嗜酸乳杆菌），颇受消费者欢迎。

（五）添加若干其他菌种生产的酸乳

如添加能合成维生素B_{12}和叶酸的谢氏丙酸杆菌（*Propionibacterium shermanii*）；能产生丁二酮香味物质的丁二酮乳链球菌；能产生黏性物的乳链球菌变种（*Streptococcus lactis* var. *taette*）等，后者可改善产品的硬度。

三、荞麦酸乳的研究现状

近年随着植物基食品的热潮，植物酸乳进入了消费者的视野。用荞麦辅以牛乳、蔗糖，经乳酸菌发酵制成的荞麦酸乳，能改善荞麦特殊的香味，令消费者更容易接受，是一种营养丰富、风味独特、口感细腻的营养保健饮料。

在2012年，有研究人员通过对嗜热链球菌、保加利亚乳杆菌、双歧杆菌三种发酵菌种的驯化，使驯化后的菌种发酵混合液的能力明显增强。使用驯化后的菌种发酵混合液的凝乳时间比使用未驯化的菌种平均缩短24min，总酸度平均提高9.7%，活菌数提高32%，黏度提高16.7%，持水力提高5.5%。对嗜热链球菌、保加利亚乳杆菌、双歧杆菌复配比例的研究结果中，嗜热链球菌、保加利亚乳杆菌、双歧杆菌的混合比例为3∶2∶2时，发酵的苦荞麦酸乳品质能达到最佳的品质。试验得出的苦荞浆的最适添加量为15%，最佳工艺条件为菌种接种量为4%，白砂糖添加量为6%，发酵时间4.5h，发酵温度42℃。因此，在制作苦荞酸乳的过程中，接种量对产品品质影响最大，其次是发酵时间>发酵温度>白砂糖添加量。在这个组合下，苦荞酸乳既有荞麦的麦香味也有酸乳的浓郁风味，产品组织状态良好，口感细腻。通过比较羧甲基纤维素钠、果胶、琼脂、卡拉胶、黄原胶、海藻酸钠、果胶与明胶的复配、卡拉胶与黄原胶的复配对苦荞酸乳品质的影响，结果表明果胶和明胶以1∶1复配后，添加量为0.2%时可使酸乳的品质达到最好。苦荞营养保健酸乳的感官指标、卫生指标、理化指标均达到国家标准的要求。根据产品在4℃贮藏期间品质的变化，确定苦荞营养保健酸乳的保质期为10d。荞麦酸乳既有酸乳的营养、风味及保健价值，同时兼具荞麦的麦香味、营养和较好的保健作用。因此，将荞麦制成的荞麦浆添加到鲜牛乳中发酵，可制作成一种风味营养保健酸乳。

第二节　荞麦酸乳的生产工艺

酸乳最初是为了延长牛乳保质期而衍生出来的产品。以牛乳或复原乳为原材料，经巴氏杀菌后向其中添加益生菌，发酵形成的具有独特风味的乳制品。目前，工业上发酵酸乳通常在受控温度和环境条件下，使用保加利亚乳杆菌和嗜热链球菌作为发酵剂。

酸乳具有细腻、均匀的组织状态和良好的风味，不但保留了牛乳的所有优点，而且在益生菌发酵过程中，还增加了氨基酸等营养素，有利于消化和吸收，是很好的营养保健品。其表面光滑，质地浓稠，含有丰富的维生素和矿物质，是钙和蛋白质的极佳来源。除了明显的营养价值外，酸乳对某些胃肠道疾病如乳糖不耐受、便秘和腹泻等，也显示出良好的辅助作用。酸乳作为发酵乳制品，除具有特殊的感官风味外，还具有将益生菌输送到人体胃肠道中的良好作用。

一、荞麦酸乳加工工艺（一）

1. 材料与方法

（1）原料　荞麦粉，鲜牛乳，蔗糖，稳定剂（耐酸CMC、果胶、卡拉胶、黄原胶）。

（2）菌种　嗜热链球菌（*Str. thermphilus*）、保加利亚乳杆菌（*L. bulgaricus*）。

2. 工艺流程

3. 操作要点

（1）荞麦浆的制备　将荞麦粉置于锅中焙炒至有香味产生，用沸水冲调至浆状，再进行糊化、灭菌处理。

（2）调配、均质　将制得的荞麦浆和鲜牛乳按一定比例混合，并加入适量的蔗糖、水及稳定剂进行调配、混匀，过120目尼龙网除去杂质，再将混合液预热55℃左右，在压力20MPa下进行微细化处理。

（3）杀菌　杀菌温度105℃，维持20min，杀死混合液中的有害微生物，且使各种成分进一步混匀。

（4）接种、发酵　灭菌后的料液经热交换器冷却至40～45℃，在无菌操作条件下按3%的量接种工作发酵剂。混合菌种组成为：嗜热链球菌：保加利亚乳杆菌=1：1，然后在（41±1）℃的恒温箱培养5h，酸度达85～95T°。

（5）冷藏　将发酵凝固的荞麦酸乳立即放入4℃以下的冷库中保藏12h，使风味进一步形成。

（6）生产发酵剂的制备　将嗜热链球菌和保加利亚乳杆菌（1：1）混合菌接种于不同比例的荞麦浆与牛乳的培养基中逐步驯化，将所得的不同比例的发酵剂进行扩大培养即制得生产发酵剂，备用。

二、荞麦酸乳加工工艺（二）

1. 材料和方法

（1）原料　荞麦，脱脂乳粉，蔗糖，酸性CMC-Na，卡拉胶，海藻酸钠，高温液化酶（酶活力20000U/mL），糖化酶（酶活力100000U/g）。

（2）菌种　嗜热链球菌（*Str. thermphilus*）、保加利亚乳杆菌（*L. bulgaricus*）。

2. 工艺流程

荞麦糖化汁：调配 → 预热 → 均质 → 杀菌 → 冷却

乳粉、稳定剂等：接种 → 发酵 → 冷却 → 调味 → 罐装 → 冷藏 → 成品

3. 操作要点

（1）荞麦糖化汁的制备　将荞麦置于烘箱中，烘焙至有香味产生，用粉碎机将经过焙烤的荞麦粉碎，用约6倍沸水将其冲调至浆状，在米浆中加入0.5%的高温液化酶，在100℃条件下保温20min。将液化液降至60℃，加入0.5%糖化酶，保温糖化1h后煮沸5min灭酶，趁热过滤，制得荞麦糖化汁。用手持糖度计测其可溶性固形物含量，要求其含量大于15%，必要时浓缩。

（2）调配、均质　将乳粉、蔗糖、稳定剂等原料按一定比例放入60℃的糖化汁中，用磁力搅拌器搅拌溶解，搅拌均匀后于50℃进行均质，均质压力为20MPa。

（3）杀菌　对配好的物料采用90~95℃，10min杀菌。杀菌后冷却至40℃左右。

（4）接种、发酵　将嗜热乳酸链球菌和保加利亚乳杆菌按照1∶1混合，作为发酵剂，在无菌条件下按一定比例接种至灭菌后的料液中，混合均匀后，于42℃条件下发酵，发酵基质的酸度为70~75°T时停止发酵。

（5）冷藏　发酵结束后，于4℃冰箱中冷藏10h，使之形成良好的风味。

第三节　荞麦发酵酸乳的功能活性

近年来，大量研究表明，酸乳对人体健康有益，具有改善肠道菌群、预防乳糖不耐受症、抗衰老、降胆固醇、抗氧化，增强人体对钙、磷、铁等必需元素的吸收等功能。酸乳中含有多种酶，可以促进人体胃肠道消化吸收，改善肠道菌群，保护肠胃。酸乳中的乳酸菌可以产生提高免疫功能的物质，从而提高人体免疫力、预防和治疗疾病等。酸乳还可以抑制肠道中腐生细菌的生长，从而预防癌症发生。酸乳发酵过程中产生的大量短链脂肪酸可以促进肠道蠕动，防止便秘。酸乳中还含有大量的钙元素，因此其具有补钙、清火明目、坚固牙齿等功能。荞麦中的降糖因子D-手性肌醇、黄酮、荞麦蛋白与酸乳功效结合使产品降胆固醇、降血脂效果更明显。

第四节　荞麦发酵酸乳产品

一、苦荞花生酸乳

苦荞花生酸乳是将苦荞、花生、酸乳三者的营养保健功能结合起来，以苦荞糖化汁、花生、脱脂乳粉为主要原料，接入乳酸菌进行发酵制备的新型谷物保健酸乳。该酸乳色泽呈黄白色，均匀一致，组织状态稳定，口感细腻，具有纯正酸乳的滋味和气味，并具有苦荞特有的风味和花生香味，是一种营养与风味俱佳的保健型花色酸乳。

原料配方：苦荞粉、花生、脱脂乳粉、乳酸菌（适量）。

二、荞麦红枣酸乳

将苦荞、红枣、酸乳三者的营养保健功能结合起来。本产品改善了传统酸乳的外观品质，提高了人体对营养物质的吸收率。

原料配方：纯乳100~108g、白砂糖10~20g、红枣4~6g、荞麦3~4g、薏苡仁1~2g、木瓜1~2g、葡萄叶1~2g、瓜蒌叶1~2g、枸杞叶1~2g、明胶0.5~1g、羧甲基纤维素钠1~2g、混合菌种0.1~0.4g、液体麦精0.01~0.02g；所述的混合菌种为质量比为（3~4）：（1~2）：1的保加利亚乳杆菌、嗜热链球菌、双歧杆菌剂的混合物。

三、苦荞-雪莲果酸乳

熟苦荞直接参与酸乳的发酵，茶香浓郁；雪莲果颗粒的加入，口感更佳；各个组分之间搭配比例适中，口味协调，保存普通酸乳固有风味的同时，增添了苦荞特有的香味及雪莲果带来的趣味口感，长期食用，大有裨益。制得的酸乳香味纯正、乳味浓郁，口感细腻而润滑，苦荞香与酸乳香味融合较好，容易为人接受，符合大众的需求。

原料配方：全脂乳粉15g，纯净水85g，熟苦荞1g，蔗糖7g，双歧杆菌粉0.1g，雪莲果颗粒0.5g。

四、超微甜荞麸皮酸乳

本产品呈浅褐色，色泽均匀一致，组织状态良好，口感独特，具有荞麦特有的香味，并且具有很好的保健功能。有效地提高了甜荞麸皮的利用率，而且甜荞麸皮富含膳食纤维和黄酮类化合物，将其添加到酸乳中，不仅可以给酸乳增加独特的风味，还可以提高酸乳的营养价值。另外，采用超微粉碎的方式处理甜荞麸皮，得到超微甜荞麸皮粉，一方面可以改善甜荞麸皮粗糙的口感，另一方面还可以提高甜荞麸皮膳食纤维的部分生理活性，增加可溶性膳食纤维的含量。再者，超微粉碎还可提高黄酮类化合物的溶出率，从而最大限度地发挥甜荞麸皮的保健作用。

原料配方：鲜牛乳80.5~92.5g、超微甜荞皮粉2.5~12.5g、蔗糖5~7g、复合稳定剂0.3~0.5g。所述复合稳定剂由CMC-Na、海藻酸钠及木薯变性淀粉组成，其中，CMC-Na的质量、海藻酸钠的质量及木薯变性淀粉的质量分别为0.01~0.05g、0.1~0.2g及0.5~1.5g。

五、苦荞发酵酸乳

该酸乳含有纯正的苦荞香味和独特的椰奶风味，香气浓郁，口感酸甜爽口，且对人体有良好的作用，可改善人体内的有益菌含量，加快新陈代谢，具有排毒养颜的作用。

原料配方：苦荞2~12g、椰子35g、鲜乳15~85g、低聚果糖0.05~3g、乳化剂0.05~0.5g、增稠剂0.1~3g、发酵剂0.005~1g和余量水。

六、苦荞低聚糖酸乳

苦荞低聚糖酸乳是一种风味独特、营养丰富、口感细腻、保健作用明显的新型发酵乳，改善和协调了苦荞特殊的香味，而且其中对人体起保健作用的成分也得到了充分发挥，在满足特殊消费者嗜好要求的同时，更能为广大普通消费者所接受。

原料配方：质量百分比原料制成，苦荞粉0.1%~10%、低聚异麦芽糖0.1%~10%、鲜牛乳85%~95%和适量的乳酸菌发酵粉、蔗糖和果胶。

七、五谷酸乳

原料配方：燕麦、荞麦、小米、大米、黄豆各10g，水50mL，糖化酶、纤维素酶、木聚糖酶，糖化酶分别0.2g，鲜牛乳100g，乳酸菌5g。

八、谷物水果酸乳

该酸乳色泽和风味好，不添加任何香精，味道纯正自然，拥有传统酸乳所没有的谷物营养和独特口味；营养丰富，更易被人体吸收和利用。

原料配方：荞麦23g、黑豆13g、木瓜粒10g、高粱8g。

参考文献

[1] 徐学万, 李华钧, 杨坚. 荞麦酸奶的加工工艺研究[J]. 食品科技, 2001（03）: 46-47.

[2]　宗宪峰.酸奶的营养价值与保健功能[J].中国食物与营养, 2008（09）: 60-61.

[3]　刁治民, 于学军. 发酵乳的营养价值及保健作用[J]. 中国乳品工业, 1998（05）: 3-5.

[4]　王飞. 苦荞麦营养保健酸奶的研制及品质分析[D]. 呼和浩特：内蒙古农业大学, 2012.

[5]　黄瑞, 刘敦华. 荞麦降糖酸奶的研制[J]. 粮油食品科技, 2020, 28（03）: 129-134.

[6]　何伟俊, 曾荣, 白永亮, 等. 苦荞麦的营养价值及开发利用研究进展[J]. 农产品加工, 2019（23）: 69-75.

[7]　刘刚. 荞麦酸奶加工工艺的研究[J]. 农产品加工（学刊）, 2009（11）: 11-12, 16.

第十章

荞麦醪糟

第一节　概述

醪糟的定义：以糯米等大米为主要原料，酒曲等为糖化发酵剂，经浸泡、蒸煮、冷却、糖化、发酵，添加或不添加辅料，杀菌或不杀菌制成的含有一定发酵米粒固形物和酒精度的固液混合状食品，又称酒酿。醪糟，俗称米酒、糯米酒、江米酒、甜米酒与甜酒酿等，是一种具有代表性的中国传统民间食品，因其酒精浓度低、口味鲜美、营养丰富而广泛流传，深受人们喜爱。至今，醪糟仍以自然发酵、作坊式生产为主，人们对其发酵过程和生理功能还不完全清楚。醪糟以大米（糯米）为主要原料，经蒸煮、加曲、糖化、发酵而成，其生产工艺的实质是截取黄酒发酵工艺的一部分。醪糟是一种混合菌的发酵产品，其质量和风味的好坏主要取决于发酵酒曲中微生物的菌落组成和各菌种之间的代谢关系。研究发现，醪糟中最具保健功能的3种物质为低聚糖、氨基酸和多肽，而且糯米醪糟酒还含有丰富的微量元素及维生素，适量常饮不仅可促进血液循环、提高免疫力、促进新陈代谢，还可补血养颜、舒筋活血、延年益寿。目前，醪糟生产普遍用酒曲进行发酵，而根霉是醪糟曲中最常见的霉菌之一。20世纪60年代，从众多的酒曲样品中分离出优良的根霉菌株Q303，其糖化力强、性能稳定，发酵产品具有蜂蜜的香味，菌种至今仍被广泛地应用于各种大曲、小曲中。随着人们生活条件的提高，人们对醪糟的营养、风味要求也越来越高，进而出现了越来越多的醪糟酿制方法。

一、醪糟的概述

醪糟是我国的传统大米发酵制品。醪糟经糯米发酵而成，夏天可以解暑，醪糟也会被作为重要的调味料。醪糟产品富含碳水化合物、蛋白质、B族维生素、矿物质等，这些都是人体不可缺少的营养成分。醪糟里含有少量的乙醇，而乙醇可以促进血液循环，有助消化及增进食欲。

醪糟也是一种酒，不过味较淡，一般不会醉人，但是一旦过量喝醉则不容易醒。明代李实在《蜀语》中说："不去滓酒曰醪糟，以熟糯米为之，故不去糟，即古之醪醴、投醪。"在古人的许多书籍里都有关于醪糟的记载，可见历史久远。郭沫若先生关于《游西安·五月二日》中也有描述，称其为"浆米酒"，即杜甫所谓"浊醪"。四川人谓之"醪糟"，酒精成分甚少。"浆米酒"似应为"江米酒"。四川人，陕西人也将其称为醪糟。可见在全国各地，醪糟都十分常见，并一直被人们所喜爱。

醪糟在不同的地域有不同的称呼，北方称之为江米酒、伏汁酒等；中原称之为酒醪、糯米酒等；南方称之为米酒、甜米酒、甜酒等。中医认为：醪糟具有祛风除湿，舒筋活血，润肤美容，强身健体的作用。嗜好醪糟而又不暴食者，多数病少而长寿，因此，人们又称之为"长命酒"。

糯米和荞麦制作的各类米酒浓醇香甜，酒精度数低，含有丰富的糖类和维生素等营养物质，滋补性较强，是中老年人、孕产妇和身体虚弱者补气养血之上品，此外，醪糟还有提神解乏、解渴消暑、促进血液循环、润肤的效用。

二、发酵剂及其在醪糟生产中的作用

用于醪糟生产的发酵剂最常用的就是甜酒曲。常见的甜酒曲是一种小曲，小曲按接种方法分传统小曲和纯种小曲；按用途分为黄酒小曲、白酒小曲、甜酒药；按原料分为麸皮小曲、米粉曲、液体曲；按形状分为饼曲、团曲、粉曲。甜酒曲中富含多种微生物，其中霉菌、酵母、乳酸菌在醪糟生产过程中起着重要作用。

1. 霉菌的作用

甜酒曲中含有多种微生物，有研究确定霉菌是醪糟发酵过程中起主要作用的菌群，并通过菌落和菌体形态观察初步鉴定该霉菌属于毛霉科毛霉属。有实验成功分离筛选出能降解淀粉的霉菌，并测定其在淀粉含量15%、28℃条件下发酵48h，淀粉转化为糖的转化率最高。根霉是藻菌纲、毛霉目、毛霉科的一属，在醪糟生产过程中是主要的糖化菌，当根霉菌群占绝对优势时，才有可能将其他菌群的繁殖控制在一定的范围内。醪糟的生产主要是利用根霉所分泌的淀粉酶将糯米淀粉分解成单糖、糊精和少量还原糖及低聚糖等，形成醪糟独特的风味。根霉可以产生丰富的糖化酶，其次是α-淀粉酶、异淀粉酶等。关于根霉的酶系，包括糖化酶，α-淀粉酶、果胶酶、木聚糖酶、羧甲基纤维素酶等。有实验以霉菌的18S rRNA为进化指征，PCR扩增得到18S rRNA的部分基因序列，经测序和序列比对，样品霉菌与米根霉有99%的同源性。

2. 酵母的作用

醪糟生产过程中，酵母的主要作用是将糖转化成乙醇，同时产生酯类等香味物质，可提高醪糟风味。从糯米酒中可分离出16株酵母，通过产气性能、TTC平板显色、产酯实验初筛出4株酵母，再通过耐温、耐酒精、耐酸、发酵力实验，最终筛选出理想的米酒酵母菌种。筛选培养了1株积累酒精产量最高为13.5%vol的酵母，并采用二次投入法得到酒味醇香、酸甜适中的米酒。

3. 乳酸菌的作用

乳酸菌产生的乳酸是醪糟酸味的主要来源，此外，乳酸与乙醇发生反应生成的酯类是醪糟重要的风味物质，同时乳酸菌代谢过程中产生乙醛和双乙酰，赋予了米酒特殊风味。从传统米酒中分离筛选出了产酸能力强的菌株和产乙酸和双乙酰能力强的菌株发酵米酒。分离筛选出1株乳酸菌，其产生的乳酸菌素不仅对革兰阴性菌如大肠杆菌有较强抑制作用，而且对革兰阳性菌如藤黄微球菌、金黄色葡萄球菌也有较强的抑制作用。

三、醪糟的发酵原理和制作方法

醪糟是一种混合菌发酵产品，其质量和风味的好坏取决于甜酒曲中微生物的群落及各菌种之间的代谢关系，代谢产物与产品的比例关系等。糯米的主要成分是淀粉，尤其是以支链淀粉为主。醪糟发酵过程是利用发酵剂中的霉菌、酵母、乳酸菌等各种微生物在一定条件下对糯米和荞麦综合作用的过程，是一个复杂的反应过程。将发酵剂撒在蒸熟的精米上后，根霉和酵母最先繁殖，并分泌淀粉酶，将淀粉水解为葡萄糖；随后酵母将葡萄糖分解为乙醇，同时产生酯类等香味物质；乳酸菌产生乳酸，使醪糟具有酸味，同时产生己醛和双乙酰等风味物质，乳酸与乙醇生成酯类。由于葡萄糖被糖酵解后生成乙醇的同时可被氧化为醋酸，因此，在发酵前期给予充足的氧气，供霉菌及酵母生长繁殖，更快地将葡萄糖转化为酒精；后期为了防止酒精过度氧化产生醋酸，使得醪糟变酸，应尽量减少空气进入或者隔绝空气进行后发酵。醪糟制作方法因地区、风味的不同而有一定差异，但大致方法如下：将糯米和荞麦米提前一天洗净用清水浸泡；将泡好的糯米和荞麦米滤干水后放入蒸锅蒸熟、蒸透；蒸饭过程中用35℃温水将发酵剂复水活化；待糯米和荞麦米饭温度降至40℃左右时，加入发酵剂，与糯米和荞麦米饭混合均匀并盛入容器，既不留太大缝隙也不压实，之后将容器盖严密封；在35~37℃条件下发酵1~2d即成酸甜适口的醪糟。

四、醪糟产业发展现状

醪糟富含葡萄糖、多种氨基酸、维生素、有机酸和多糖等成分，营养丰富，口感绵、甜、醇、鲜，且营养物质容易被人体吸收利用，是一种集低酒精度、营养、保健于一体，符合现代消费时尚，深受广大消费者喜爱的饮料酒。它已成为民间补品，可强身健骨、活血通脉、防病御寒。作为低酒精度、营养、保健型的饮料酒，醪糟非常适合当今社会新的消费价值趋向，从原料的选择、工艺技术，还是口感、饮用方法上，醪糟都独树一帜。同时醪糟含有多种营养元素，如人体必需的9种氨基酸、多功能性低聚糖、多酚以及丰富的维生素和微量元素，生产成本低，利于储存，产品风格可顺应市场需求，有望成为多层次消费群体所接受的饮料酒。

目前，研究人员已经研究出了许多醪糟饮料。将醪糟与乳粉按一定比例混合，通过乳化等工序生产制得醪糟乳，进一步提高了其口感和营养价值。在醪糟中加入适量的水果或蔬菜汁，如西瓜、芒果、西红柿等，制作成果蔬汁醪糟饮料。以醪糟汁均质后为基酒，加入0.12%的琼脂，经灭菌处理后就制作成了琼脂甜米酒，该产品介于酒与饮料之间，类似浓牛乳，既保留了甜酒酿的风味特色和营养成分，又增添了琼脂的保健功能。醪糟除作为饮料外，在烹饪方面应用也很广。醪糟汁是烹饪川菜的重要调味料，长期以来，它被誉为川菜烹饪的"三料（醪糟、豆瓣、醋）"之一。到四川乃至西南地区民间家庭调查就会发现，醪糟的使用范围和用量，都远远大于黄酒（料酒），在许多川味佳肴中醪糟是必不可少的调味品，其关键在于它可去腥除膻，并赋予菜肴特有香味，广为人们接受。

醪糟汁也是肉食品加工企业的重要调味料。如特色食品/成都名菜樟茶鸭配方：肥公鸭1只，花茶、樟树叶、醪糟汁各70g，料酒25g。特色食品糟肉、酱肉配方：猪肉1000g，醪糟汁100g，料酒25g。由以上配方可见，醪糟汁和料酒同时使用，互补替代，并且，醪糟汁用量更大。此外，醪糟汁还作泡菜、酱菜、腌菜的配料，可调整风味，还可用于醪糟汤圆、醪糟鸡蛋的制作中，为其增添特有风味。

烹饪用醪糟汁，包装与黄酒（料酒）、食醋类似，是急待开发的调味品，其用途比黄酒更为广泛，蕴藏着巨大的市场前景，烹饪用醪糟汁具有良好的经济效益。目前，黄酒（料酒）、豆瓣酱、食醋、豆腐乳等都已形成规模生产，超市中的产品琳琅满目，但没有烹饪用醪糟汁。与黄酒、料酒、食醋等比较，烹饪用醪糟汁必定会带来显著的经济效益。

第二节　荞麦醪糟的生产工艺

一、工艺流程

一次发酵法：糯米、荞麦的选择 → 淘洗 → 浸泡 → 蒸煮 → 凉饭 → 拌曲 → 落红搭窝 →

纱布封口 → 恒温发酵 → 发酵终止 → 压滤 → 荞麦醪糟汁 → 澄清 → 煎酒 → 贮藏

二次发酵法：一次发酵压滤后的醪渣 → 二次拌曲 → 落缸搭窝 → 封口 → 二次恒温发酵 →

终止发酵 → 压滤 → 荞麦醪糟汁 → 澄清 → 煎酒 → 贮藏

单曲发酵法：发酵所用发酵剂为单一曲种。

混曲发酵法：发酵所用发酵剂为两种或两种以上酒曲的混合剂。

二、操作要点

1. 糯米、荞麦的选择

选用优质白糯米和荞麦作为原料制作荞麦醪糟汁，使用上等原料是保证甜酒酿质量的一个关键。判断糯米和荞麦品质时从以下几方面进行。

（1）看　优质白糯米和荞麦应是无碎米、无虫、不含杂质，光泽度好、米粒大，且大小均匀。优质白糯米和荞麦的色泽应该均匀，用手抠开表皮，应有片状而不是粉状物落下，胚乳仍为白色而且不透明，米心白率高，淀粉含量高。

②闻：取少量白糯米和荞麦，哈一口热气立即闻气味，优质白糯米和荞麦应具有正常的清香味，无其他异味。

③尝：取少量白糯米和荞麦放入口中细嚼，或磨碎后品尝，优质白糯米和荞麦味佳、无任何酸味、苦味及其他不良滋味。

（2）淘洗　糯米和荞麦淘洗的目的是去掉附着在糯米和荞麦表层的糠秕、尘土，同时淘去细石子等杂物，使得用糯米和荞麦酿出来的味道更纯正，所以，在浸泡糯米和荞麦之前，应将精米淘洗2~3次，将水沥干以后再次进行浸泡。

（3）浸泡　浸米能够让米中的淀粉粒子吸水膨胀，淀粉颗粒之间变得更加疏松，利于蒸煮糊化。浸泡时间的长短由生产工艺、水温和米的性质共同决定。除了传统的酿造法需要加水作配料，长时间浸米外，一般的方法浸泡时间都比较短，通常只需要使米粒吸足水分，"米粒质软，透而不烂，手指能捏碎，内无夹心，用手能较易搓成粉"即可。

（4）蒸煮　蒸米的目的是使淀粉受热吸水膨胀，淀粉结晶因破裂而糊化，从而有利于淀粉酶的作用和根霉的生长。蒸米的另一个作用是高温能对原料进行灭菌，通过加热杀灭米中所带的各种微生物，以保证发酵的正常进行；此外还可以蒸发掉原料的怪味杂味，使酿出的酒风味更纯正。

蒸米的要求为"米饭外硬内软，富有弹性；熟透而不烂，疏松不糊；内无白心，软硬适中，无不熟或过烂现象"，一般糯米和荞麦只需常压蒸煮15~25min即可。蒸米时应注意在蒸米的过程中应向米上浇淋85℃以上的热水，促进米饭吸水膨胀，从而达到更好的糊化效果。根据经验，蒸好的米饭不能立即打开出料盖，而应该先闷5~8min，让淀粉在锅内继续糊化，更多地转化为糖类，以提高原料的利用率，整个蒸煮过程耗时约40min。

（5）凉饭　糯米和荞麦蒸熟后应冷却到微生物生长繁殖的最适温度，一般为30~35℃才能使微生物更好地生长及作用，凉饭一般分淋饭法和摊饭法两种方法。淋饭法的操作方法是：将蒸熟的米饭从甑内取出摊开，用冷水喷淋到合适的温度，再拌酒曲搭饭进行糖化发酵。淋饭法冷却迅速，冷后温度均匀，并可利用回淋操作，但会影响荞麦醪糟汁的风味。而摊饭法的操作方法是：将蒸熟的米饭从甑内取出摊开，尽量摊薄一些，这样冷却得更快。摊饭法冷却速度较慢，易感染杂菌和出现淀粉老化的现象，同时也会降低出酒率。

（6）拌曲、发酵　拌曲是为了让种曲中的微生物作用于糯米和荞麦中的淀粉及糊精，转化成葡萄糖及酒精。将沥干后的米饭，在灭过菌的容器中依次接入已碾成粉末状的5种甜酒曲，用曲量为米量的0.4%，加水量为米重的20%，米饭和酒曲混合均匀，米饭落缸温度一般控制在27~30℃。将米饭的表面做成一个漏斗型的窝，即所谓的"搭窝"，再在搭好窝的米饭表面撒少许曲粉。搭窝一是为了增加米饭和空气的接触面积，有利于好气性糖化菌生长繁殖、释放热量，因此必须搭得较为疏松，不塌陷即可；二是便于观察和检测糖液的发酵情况。

（7）压滤　压滤包括压榨和过滤两个阶段。发酵成熟后要进行压滤，由于荞麦醪糟液甜度较高，黏度较大，因此压榨速度较慢。压滤时，要求过滤出来的酒液要澄清，且压滤时间要短，可采用气膜式板框压滤机，若想达到更好的压滤效果，建议使用膜超滤技术来处理。

（8）澄清　经过压滤后流出的酒液称为生酒，必须经过一段时间的存放，让酒液澄清。生酒澄清的目的是让酒液中的淀粉酶、蛋白酶继续对淀粉、蛋白质进行水解，转化成糖类和氨基酸等物质，沉降微小的固形物、菌体、杂质等。澄清的同时还可挥发掉酒液中部分低沸点物质，可改善酒的风味。

在澄清时，还要考虑防止酒液发生再发酵出现泛浑及酸败的现象，澄清温度要低，澄清时间不宜过长，一般在3d左右。经过数天的澄清后，再次用棉饼等介质进行过滤，以使酒液透明光亮，现代酿酒工业中已采用硅藻土粗滤和纸板精滤来加快酒液的澄清。

（9）煎酒　将澄清后的生酒加热煮沸，杀灭酒中的所有微生物，以便贮藏，这一操作过程称为"煎酒"。

煎酒的目的：通过加热杀菌，破坏残存酶的活性，酒中的微生物完全死亡，基本上固定酒中各物质的成分，防止成品酒发生酸败；在加热杀菌过程中，加速酒的成熟，除去生酒中的杂味，改善酒的品质；利用加热过程促进高分子蛋白质和其他胶体物质凝固、沉淀、色泽清亮。

煎酒的温度与煎酒时间、酒液pH和酒精含量的高低都有关系。通过杀菌后，荞麦醪糟汁的质量已经非常稳定，可以在室温下保存较长的时间。

第三节　荞麦醪糟的功能活性

现代营养分析，醪糟中除了富含碳水化合物、少量酒精、有机酸等物质外，还含有多种氨基酸、脂肪、维生素、钙、磷、铁等人体不可缺少的成分。醪糟对一些慢性病有辅助治疗功能。例如患有慢性萎缩性胃炎及消化不良的人，常喝醪糟可以促进胃液分泌，增加食欲，帮助消化；患有高血脂、动脉粥样硬化的人，可加快血液循环，提高高密度脂蛋白的含量，减少脂质在血管内的沉积；大病初愈身体虚弱、贫血、大手术恢复期的患者，常喝点醪糟可起辅助治疗作用。醪糟对哺乳期的妇女效果也很好，如果乳汁不畅通，可以吃醪糟酿蛋，会有很好的改善。醪糟还可以缓解疲劳，起到提神的功效。体力劳动或是脑力劳动过度的人，更应该经常喝醪糟，可以有效缓解疲劳。

苦荞醪糟发酵不同时间结果表明酚类物质和抗氧化活性随着发酵时间的延长呈上升趋势，两者呈显著正相关；氨基酸在发酵后增加显著，乳酸、琥珀酸、延胡索酸、苹果酸等的含量在发酵过程中均有增加，乳酸是苦荞醪糟发酵过程中变化最大的有机酸。荞麦里的类黄酮具有SOD清除氧自由基的功能。类黄酮化合物清除自由基能力的顺序为杨梅黄酮、槲皮素、鼠李素、桑色素、儿茶素、山奈素、黄酮。苦荞类黄酮无任何毒副作用，可明显降低血脂和血糖，促进血液循环。改善人体免疫机能和微循环。荞麦醪糟不仅口味独特，而且营养丰富，其营养成分低聚糖类、多肽和氨基酸等低分子物质，极易被人体消化吸收，类黄酮具有一定的保健功能，长期服用有助于提高免疫力、促进新陈代谢，强身健体、养颜益寿。

第四节 荞麦醪糟产品

一、荞麦醪糟分类

依据发酵工艺从发酵前后加入的物质时间可大体分为四类。

（1）糯米加酒曲发酵

工艺流程：

糯米和荞麦 → 浸米 → 蒸饭 → 降温 → 下缸 → 发酵 → 调配 → 灭菌 → 成品
　　　　　　　　　　　　　　　　　　　　　　↑
　　　　　　　　　　　　　　　　　　　　　酒曲

糯米是糯稻脱壳的米，在中国南方称为糯米，而北方则多称为江米，是做荞麦醪糟最主要的原料。糯米发酵指的是主要依靠糯米为原料，荞麦为辅料，添加适量酒曲，经一定温度、一定时间发酵而成的荞麦醪糟。发酵后期不添加任何物质。

（2）糯米加酒曲勾兑发酵

工艺流程：

糯米和荞麦 → 浸米 → 蒸饭 → 降温 → 下缸 → 第一次发酵 → 第二次发酵 → 调配 →
　　　　　　　　　　　　　　　　　　　　　　　　↑　　　　　　↑
　　　　　　　　　　　　　　　　　　　　　　　酒曲　　　　混合液

灭菌 → 成品

为了使纯醪糟产品的口感更加清爽甘甜，采用在第一次发酵后加入新物质再进行发酵而成，这种方法免去了传统醪糟产品在食用前需要的煮制或勾兑过程，从而避免了营养的损失。如通过中间添加水、果汁、蔬菜汁、植物提取液或牛乳中的一种或两者以上的混合物制得新型醪糟产品。这种产品的糖度有所降低，口感更佳。

（3）复配加酒曲发酵 为了满足更多人的需求也可采用复配的方法制得更具有营养及保健功能的复配荞麦醪糟，这类荞麦醪糟不在发酵后期添加物质，既有原来糯米酒的特性又引进了新物质的特性。如依据苦荞特有的营养功效研制出一套保健荞麦醪糟的工艺如下。

①苦荞糯米保健酒工艺流程1。

苦荞麦 → 淘洗 → 烫麦、浸泡 → 破碎 → 蒸煮 → 摊冷
↓
糯米 → 筛选 → 淘洗、浸泡 → 冲洗、滴干 → 蒸煮 → 淋冷 → 拌曲 → 落缸 →
糖化发酵 → 取汁 → 调配

②苦荞糯米保健酒工艺流程2。

糯米 → 筛选 → 淘洗、浸泡 → 冲洗、滴干 → 蒸煮 → 淋冷 → 拌曲 → 落缸 → 糖化发酵
苦荞麦 → 淘洗 → 炒焦 → 粉碎 → 糖化、液化 → 调浆 → 加浆 → 糖化发酵 → 取汁 → 调配
加曲

③调配工艺流程。

白糖 → 加水溶化 → 过滤 → 糖浆 → 酒汁 → 调配 → 过滤 → 灌装 → 杀菌 → 成品
琼脂 → 浸胀 → 溶解

通过中途加辅料或复配加料的方法可以使物料充分混合均匀，使得在发酵过程中每种物料的优势都可以完美体现，这种发酵方式能够让物料间作用、营养、加工特性等性能互补。然后根据个人想要的口感风味和所要求的品质来合理复配。这类产品发挥着复配原料原有的生理特性，也被广大消费者所青睐。

（4）复配、勾兑类型 这类荞麦醪糟发酵工艺会在发酵后期加入一些物质来赋予该复配醪糟一些特性。为了满足更大的市场，利用蒸馏物质和荞麦醪糟发酵物勾兑的方法制作米酒。如利用黄皮皮渣蒸馏酒勾兑荞麦醪糟，即保存了黄皮的营养功能又具有药用价值。

工艺流程：

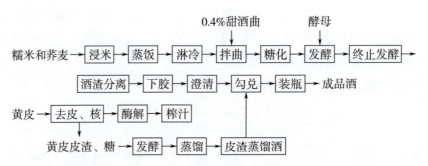

蒸馏的过程其实是混合组分分离的过程，主要有蒸发以及冷凝两个操作过程。该过程主要是依据混合组分中各组分沸点的高低来实现分离的，先使低沸点的蒸发，然后通过冷凝过程得到单物质，依次类推，进而达到物料分离的目的。蒸馏的最大特点是不用组分以外的物质，也不会引入其他的物质。

二、荞麦醪糟的展望

荞麦醪糟是以其诱人的口感和丰富的营养价值深受消费者的青睐，有着广阔的市场开发前景。烹饪用荞麦醪糟汁生产工艺的优化，不仅提高了原料利用率，改善了产品的风味品质，而且顺应了广大消费者的需求导向，为企业拓展了市场。发酵剂中菌种的组成是决定荞麦醪糟好坏的关键因素，不仅带给荞麦醪糟酸甜可口、清爽酒香的感觉，更重要的是其在发酵过程中的代谢产物有着卓越的养生保健功效，荞麦醪糟中的抗氧化成分得到各国医学界的认可，并被广泛宣传。我国是醪糟酿造的起源地，有着得天独厚的自然资源和浑厚的酿造技术，因此应当充分借鉴其他国家的酒曲研究经验，关注各国培育的优质菌种性能，并将其运用到我国醪糟菌种的改良过程中，在实现荞麦醪糟大规模产业化的同时，将荞麦醪糟与各地民俗相结合，促进我国传统醪糟的多样化发展。

参考文献

[1] 曹冉. 荞麦酿造酒及后处理过程中黄酮类物质变化规律的研究[D].石家庄：河北科技大学, 2019.

[2] 张慧洁. 三种谷物萌发对牧区醪糟品质影响比较的研究[D].呼和浩特：内蒙古农业大学, 2018.

[3] 赵俪捷. 传统牧区醪糟工艺优化及燕麦、玉米醪糟的开发[D].呼和浩特：内蒙古农业大学, 2017.

[4] 王世霞, 刘珊, 李笑蕊, 等.甜荞麦与苦荞麦的营养及功能活性成分对比分析[J].食品工业科技, 2015, 36（21）：78-82.

[5] 殷培蕾.苦荞醪糟发酵工艺及质量评价[D].成都：西华大学, 2015.

[6] 殷培蕾, 马麟, 彭镰心, 等.醪糟酿制工艺的研究进展[J].成都大学学报（自然科学版）, 2015, 34（01）：25-28.

[7] 刘汇芳. 燕麦、糯米复配发酵醪糟工艺研究及品质分析[D].呼和浩特：内蒙古农业大学, 2014.

[8] 郑晏华. 烹饪用醪糟汁生产工艺优化及品质分析[D].成都：四川农业大学, 2013.

[9] 陈江梅. 荞麦酿造用米曲霉蛋白酶优良菌株的选育及发酵条件研究[D].西安：西北大学, 2009.

[10] 张美莉, 胡小松.荞麦生物活性物质及其功能研究进展[J].杂粮作物, 2004（01）：26-29.

第十一章

荞麦面包

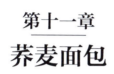

第一节　概述

面包是一种发酵的烘焙食品，以小麦粉为主要原料，以酵母、盐和水为基本原料，添加适量糖、油脂、乳品、鸡蛋及添加剂等辅料，经搅拌、发酵、整形、成型、醒发、焙烤、冷却等过程加工制成体积膨大、组织松软、富有弹性的食品。它属于外来食品，但逐渐被我国民众接受，与我国的包子、馒头相似，而且其冷热吃法对口感影响不是十分明显，同时也不受早晚时间的限制，部分区域的销量还超过了包子、馒头。现如今，面包已受到消费者的广泛认可和喜爱。

一、面包起源

现代面包制作技术同远古时代相比已发生了无可比拟的变化，人类最早开始制备面包可能要追溯到公元前7000年左右。埃及人最早发现并采用了发酵的方法来制作面包。当时，古埃及人用谷物制备各种食品，例如将捣碎的小麦粉掺水调制成面团，由于一些面团剩余下来，发生了自然发酵，就形成了面包的雏形。此方法也是至今面包制作仍在广泛使用的方法，即将一部分已发酵的面团掺入到下次待发酵的面团中去的技术。公元前6000年，埃及人将小麦粉加水和马铃薯、盐拌在一起，放在温度高的地方，利用空气中的野生酵母来发酵。等面团发好后，再掺上面粉揉成面团放入泥土做的土窑中烤。这便是世界最早的面包。

面包的制作技术传到了希腊，希腊人将烤炉改进为圆顶，上口变小，炉内体积变大，使保温性增强。与此同时，他们还将牛乳、奶油、干酪和蜂蜜加入面包中，大大改善了面包的品质和风味。后来，罗马人征服了埃及和希腊，将面包的制作技术传到了罗马。他们进一步改进了烤炉，发明了水推磨和最早的面团搅拌机，同时发明了用发酵面团与葡萄酒混合，干燥种子面团的方法。随着战争的进行，罗马人又将面包制作技术传到了匈牙利、英国、德国、意大利和欧洲各地。此后，随着英国产业革命的发展，面包的生产得到迅速发展，并成为城市居民的主食。在哥伦布航海发现新大陆以后，又将面包制作技术传到了加拿大和澳大利亚这两个主要产小麦的国家，此后又将这一技术传到美国。17世纪前，人们只知道发酵面团方法，不了解发酵的原理。直到1683年，荷兰人发明了显微镜，人们才了解到微生物酵母的存在。1835—1837年，Cagnard-Latour等解开了酵母生长繁殖使面团发酵之谜。1838年，Meyen将酵母命名为 *Saccharomyces*。1857—1863年，Lous Pasteur研究证实了酵母在发酵过程中的作用，并发现了酵母厌气和好气的特性。1846年，维也纳人Mautner总结了用大麦制作酵母的技术，并实现了酵母的生产，使面包制作技术发生了深刻变化，由原始的不规律、不稳定的面团发酵法，转变为较成熟的生产工艺，并生产出较大体积的面包。压榨酵母工业化生产的实现是在1870年，与此同时，发明了调粉机。1880年发明了整形机，1888年出现了蒸汽烤炉，1890年又发明了面团分割机，进一步推动了面包机械化生产的迅速发展，使面包的制作由手工操作转变成了机器操作。1950年，美国首先实现了以液体发酵法为基础的连续生产面包新方式。1970年随着冷冻酵母的商品化生产，出现了冷冻面团制作面包的新工艺。从此使用冷冻面团制品的面包店星罗棋布，遍布世界各国。

我国面包的发展始于明朝万历年间，意大利和德国的传教士将意式和德式的面包制作技术带到了我国的广东和上海等地。此后，1867年沙俄修建东清铁路时，将俄式面包制作技术带到了我国的东北，传统俄式风味面包的制作技术流传至今。在改革开放之前，我国的面包生产相当不普及，主要集中在大中城市，生产厂家仅有哈尔滨秋林、老鼎丰、北京义利、北京食品厂和各大酒店宾馆。制作工艺和生产设备比较简单、陈旧，面包的品种少，质量也不稳定。20世纪80年代，我国引进即发干酵母、专用小麦粉和烘焙油脂的生产线，为面包、饼干、糕点等焙烤食品的生产提供了优良的原料。同时，北京、上海、天津、广州、长春、大连等大中城市还先后从国外引进了先进的自动化面包生产线，彻底改善了生产条件，提高了产品质量。20世纪90年代，我国出现国外和合资的厂商。如今在我国各地，特别是在大中城市，面包店已经随处可见。

随着人们消费水平的提高，绿色健康观念的进一步加深，人们开始尝试在原来的小麦或大麦面粉中加入少量具有保健功能的荞麦粉制作荞麦面包，荞麦面包是通过将具有特有风味的荞麦粉与面包粉混合，经过基础发酵、醒发和烘烤，所制成的蓬松状食品。其疏松的内部组织更有利于人体消化吸收。如今，荞麦面包已成为一种时尚食品，具有越来越多的消费人群。在荞麦面包的研究中，有对荞麦预拌粉配方和添加剂进行的研究，但大多数研究集中于某一种荞麦粉制成的面包配方或添加剂优化上，且单一荞麦粉的添加量均不超过20%，对于面包的制作工艺也多是集中考察发酵工艺或是烘烤单元。

荞麦面包中常见的荞麦粉有黑苦荞粉、黄苦荞粉、甜荞粉、金荞粉等。面包营养价值较高，经酵母发酵烘烤，具有风味醇香、组织膨胀、造型美观、易于消化、食用方便、易于携带、易于机械化和大规模生产、耐储存等多种特点。随时代发展、科技进步，现如今人们不再为温饱发愁，饮食除了饱腹之外，更重要的是要追求健康、营养，而低纤维高热量饮食会导致肥胖、糖尿病等疾病发病率增高。为此，过去那种低纤维高热量的食品不再受到青睐，而高纤维低热量的面包反而备受关注，成为当今的营养食品。

二、面包分类

（一）按面包风味分类

1. 主食面包

主食面包的配方特征是油和糖的比例较其他的产品低一些。根据国际上主食面包的惯例，以面粉量作基数计算，糖用量一般不超过10%，油脂低于6%。其主要根据是主食面包通常与其他副食品一起食用，所以本身不必要添加过多的辅料。主食面包主要包括平顶或弧顶枕形面包、大圆形面包、法式面包。

2. 花色面包

花色面包的品种甚多，包括夹馅面包、表面喷涂面包、油炸面包圈及形状各异的品种等几个大类。它的配方优于主食面包，其辅料配比属于中等水平。以面粉量作基数计算，糖用量为12%~15%，油脂用量为7%~10%，还有鸡蛋、牛乳等其他辅料。与主食面包相比，其结构更为松软，体积大，风味优良，除面包本身的滋味外，尚有其他原料的风味。

3. 酥油面包

这是近年来开发的一种新产品，因配方中使用较多的油脂，又在面团中包入大量的固体脂肪，所以属于面包中档次较高的产品。该产品既保持面包特色，又近于馅饼（pie）及千层酥（puff）等西点类食品，有明显层次及膨胀感，入口酥脆，含油量高。其特性为产品面团中裹入很多有规则层次的油脂，加热汽化形成一层层又松又软的酥皮，外观呈金黄色，内部组织为松酥层次。产品问世以后，由于酥软爽口，风味奇特，更加上香气浓郁，备受消费者的欢迎，近年来其市场份额获得较大幅度的增长。

4. 调理面包

调理面包是一类经过二次加工制成的制品。它是指烤熟后的面包中间加入火腿、肉饼、蔬菜、鸡蛋、沙拉等副食品，也可再涂上黄油或干酪。主要品种有三明治汉堡包、热狗等。实际上它是从主食面包派生出来的产品。

（二）按面包柔软程度分类

按照面包的柔软度来分，面包主要分为两大类：一为软式面包，以日本、美国、东南亚国家为代表；一为硬式面包，以欧洲各国及亚洲的新加坡、越南等国为代表。

1. 软式面包

这种面包讲求式样漂亮、组织细腻，以糖、油或蛋为主要配方，便于达到香酥松软的效果。软式面包以日本制作的最为典型，面包的刀工、造型与颜色，均十分讲究，尤以内馅香甜，外皮酥软滑口吸引人；至于美国面包，则是注重奶油和高糖。软式面包多采用平盘烤箱烘烤。

2. 硬式面包

欧洲人把面包当主食，偏爱充满咬劲的"硬面包"。硬式面包的配方简单，着重对烘焙过程的控制，表皮松脆芳香，内部柔软又具韧性，有一股浓郁的麦香，越嚼越有味道。硬式面包有德国面包、法国面包、英式茅屋面包、意大利面包等多种。欧式面包采用旋转烤箱烘烤，因此于烘焙初段时可喷蒸汽，除可使面包内部保水率增加外，又能防止面包表面干硬。

（三）按面包口味分类

荞麦面包的口味主要是分为四种甜味、咸味、酸味和乳味。甜味面包较为常见，主要是在原料中添加部分调味剂如白砂糖、蔗糖或其他甜味剂；咸味面包也有一定的市场，这主要是通过增加食盐来控制的，盐对面团的蓬松度和形状有一定的影响，一般加入量不宜过多，在2%为宜；面团内的有机酸能够使面包有种酸酸的味道，这是面包呈现酸味的主要原因之一；乳味荞麦面包的制作主要通过向原料中加入奶油、牛乳、干酪、乳粉等乳味原料；烘烤面包时还原糖和游离氨基酸可以作用成羰基化合物，这种化合物可以产生苦味，便形成苦味荞麦面包。

（四）按照面包烘焙方法分类

根据烘焙方法不同可分为装模烘焙的面包、在烤盘上烘焙的面包和直接在烤炉上烘烤的面包三类。

三、荞麦面包研究现状

关于面包的研究，大都关于配方优化以及工艺改进等方面。在配料方面，向面粉中添加小米、燕麦、板栗、苦荞、玉米等粗杂粮作物，以改善面包的口感和增加面包的营养特性。研究报道，通过向小麦粉中添加其他杂粮粉，可改善面包的色泽和香味；或者在原料中添加膨化后的粗粮粉，以提高面包的营养价值；有的通过优化对浓缩荞麦面包预拌粉的配方及添加剂的用量，使得添加了谷朊粉、小麦胚芽后的面包适口性得到较大的改善。在工艺方面，大多采用二次发酵的方法制作面包，制作出的面包营养价值高、皮薄、体积大、内部结构细密、弹性好、香味浓、口感好、商家保鲜时间长，且人们发现生产小米面包、糙米面包、燕麦面包以及高膳食纤维面包的最佳发酵方法为二次发酵法。

在制作荞麦面包的过程中，影响面包质量的主要因素是面团的流变学特性。面团流变学试验是评价小麦粉物理品质的主要方法，是面团耐揉性和黏弹性的综合表现，其中，面团稳定性和评价值是最重要指标。它既受面粉蛋白质含量、面筋含量等组成成分的影响，又决定着面包、馒头、面条加工等最终产品的加工品质，可以给小麦粉的分类和用途提供一个实际的、科学的依据。面团是在面粉中加一定量的水经揉和而制成的，它是小麦从小麦粉加工成食品的重要中间阶段，面团质量的好坏直接关系到面制食品的质量。面粉和面团本身存在着较大的差异，在面团形成过程中，加水量、揉和时间与方式对面团的质量影响均很大，虽然面筋含量与质量是决定面食的主要因素，但面团性质与面制食品品质的关系比面筋更直接。面团形成前后所表现的耐揉性、黏弹性、延伸性等称为流变学特性。

四、荞麦面包不足之处

荞麦本身有一些固有特性，如荞麦的面筋含量极低，影响了其在方便面条、烘焙食品等方便食品的品质；荞麦食品口感差，影响产品的适口性；荞麦含有很多抗营养因子，大部分荞麦消化性差等原因大大限制了荞麦的食用与消费。单纯食用初级加工的荞麦面包等食品，会影响人体机能对蛋白质、无机盐以及某些微量元素的吸收，甚至还会影响到人体的生殖能力。例如过量食用荞麦，过多的纤维素可导致肠道阻塞、脱水等急性症状，长期单纯食用荞麦，会使人体缺乏许多基本的营养元素，导致营养不良等。随着人们对荞麦保健功能的深入认识与对健康的关注，国际国内市场对"多样化、营养、健康、安全、方便"的荞麦食品需求日益增强，对荞麦食品的研究与深度开发自然也就引起了学者的极大兴趣。因此，深入开展荞麦的营养性、功能性、食品物性以及深加工工艺等的研究是当务之急，充分了解这些特性，对研发相关的方便食品至关重要，有利于实现满足食品的营养性和功能性要求。

除了荞麦原料自身上的缺陷之外，生产技术也有一些不足之处。我国从南到北迅速兴起采用快速发酵法来生产面包。这种面包生产工艺很快在全国各地普及并处于主导地位，已使我国传统的二次发酵法和一次发酵法生产的面包生产几乎无人问津。

因此，不仅要改善产品自身的特性，突出优势、弥补劣势，还要加大技术研发、立足国产化和现代化，尽快研制推广使用烘焙食品包装设备。为满足广大消费者的消费需求，并发挥我国特产丰富的优势，开发出可以长期食用而又营养均衡的荞麦面包，其市场发展潜力巨大。

第二节 荞麦面包的生产工艺

荞麦面包的制备方法一般包括一次发酵法、二次发酵法、快速发酵法、冷藏和冷冻面团法、乔利伍德面包制作法、多次发酵法和液体发酵法等。

（一）一次发酵法

一次发酵又称为直接发酵法（straight dough method），至今已有100多年的历史。其基本方法是将所有制作面包的原料一次调制成面团，然后进行发酵制作的方法。具体的操作方法因品种和原料而异，如标准一次发酵法、快速发酵法、无翻面法、后加盐法等。黄油卷面包、各种花色面包的制作经常使用这种方法。此方法的优点就是可以充分显现原辅材料的原有风味、制品的口感较好、制作时间较短、工艺操作简便、出品率高、占用场地小。缺点是发酵时间短、面团的水和不完全、制品瓤心气孔膜较厚，并且容易受原材料和工艺条件的影响，产品容易老化、保存期短、面团的延伸性不佳，不适于机械化操作。

1. 工艺流程

原辅料 → 面团调制 → 面团发酵 → 撤粉 → 继续发酵 → 分割 → 静置 → 成型 →

醒发 → 烘烤 → 冷却 → 包装成品

2. 操作要点

（1）面团调制　在和面机中的和面钵中放入原料及配料，倒入调粉机调制成面团，面团温度27℃，在面团调制过程中，要随时确认面团的吸水、调制状态和温升情况。面团的软硬要在调粉开始后1~2min内确认，如需要加水应在面筋形成前进行添加，否则面团吸水困难，会造成面团发黏。

（2）面团发酵　取出面团，在辊压成形机上反复折叠压面至面团表面光滑、细腻。将面团片用切刀分成重量相等的块状，分别用辊压成形机经两次成形后，放入内部表面涂有大豆油的350mL模具中。在温度40℃，相对湿度85%的恒温恒湿箱中醒发。醒发成熟的标志是面团在面包模具内全部涨满。面团调制结束的温度决定了酵母活性的高低，直接影响发酵时间。面团温度过低、发酵速度减慢、面团的伸展性差、膨胀程度小、体积不足。相反，面团温度过高、发酵速度过快、发酵时间变短、面团的熟成程度差、当还未达到良好的延伸性之前，由酵母发酵产生过多的二氧化碳会使面团膨胀破裂，造成最终制品的体积较小。

（3）揿粉　发酵过程中是否进行揿粉要事先决定，制作者通常在确定面包的配方和工艺时决定，需要揿粉和不需要揿粉的面团的酵母用量不同，面团经过揿粉增加了酵母发酵过程中二氧化碳的生成量，从而增大了面包的体积。如果酵母用量大，产生过多的二氧化碳，易使面团发生破裂。因此，采用揿粉操作的面团需要减少酵母的用量，才能制作出品质良好的面包。

（4）分割、静置　将发酵成熟的面团切成适当的小面块，搓揉成表面光滑的圆球形，静置5min，便可整形。

（5）成型　将揉圆的面团压薄、搓卷，再做成所需制品的形状。

（6）醒发　将成型后的面包胚，放入醒发室或醒发箱内进行发酵。醒发室温度为38~40℃，相对湿度85%左右，醒发55~65min，待其体积达到成型后的1.5~2倍时，用手指在其表面轻轻一按，若能慢慢起来，表示醒发完毕，应立即进行烘烤。

（7）烘烤　待面团发酵成熟后，在温度为上火190℃、下火200℃的电烤炉中焙烤25min。

（二）二次发酵法

二次发酵法是19世纪20年代由美国研究开发成功并首先实行的，它是目前在世界各国最流行、应用最广泛的面包制造法，几乎适用于所有的面包品种。二次发酵法是指经过两次调粉、两次发酵制作面包面团的方法。采用这种方法的目的是提高面团发酵的稳定性，使经过熟成的面团具有良好的延伸性和带有特有的酒香风味。为了达到这一目的，各生产厂家根据各自的生产条件衍生出各种各样的方法，如种子面团法中分出标准二次发酵法（70%、30%）、100%小麦粉酵头法；制作高含糖量的花色面包时，采用加糖酵头法和无糖酵头法；

发酵面团法和液体发酵法。

二次发酵的特点是发酵时间长，在面团熟成的同时，使面团水合作用充分，吸水增加，内相湿润柔软、瓤心的纹理均匀细密、气孔膜较薄、心白而光亮、发酵香味醇厚、制品体积大。烘烤后的成品保水性良好、老化速度慢、保质期长。面团的延伸性增加、柔软性良好、容易进行分割、成形操作，适合机械化生产。与一次发酵法相比，制作时间长、操作繁复、面团发酵占用场地大。制品难以突出原辅料自身带有的风味，心没有咬劲儿，出品率较低。

1. 工艺流程

原料 → 第一次调粉 → 第一次面团发酵 → 发酵面团添加其余原料 → 第二次调粉 →

第二次面团发酵 → 分割 → 静置 → 成型 → 醒发 → 成型发酵 → 烘烤 → 冷却 →

包装成品

2. 操作要点

（1）原料 制作荞麦面包的主要原料是面粉，选粉是制好面包的一个关键，一般选用含面筋量25%以上的面粉。用这种面粉做的面包发性好，有弹性，质地松软。选用小麦粉时，用湿面筋含量为35%~45%的硬麦粉，最好是新加工后放4周的面粉；选用荞麦粉时，用当年生产的荞麦磨制精粉。将2种面粉分别过筛，要求全部通过CB30号筛绢，除去粗粒和杂质，并使面粉中混入一定量以使制成的蛋糕呈疏松状。擀开结块的白糖、食盐、糖须用开水化开除杂；酵母须放入26~30℃的温水中，加入少量糖，用木棒将酵母块搅碎，静置活化，鲜酵母静置20~30min，干酵母须静置约5min；水应选用洁净的、中等硬度、微酸性的水。

（2）第一次调粉及第一次面团发酵 将称好的小麦粉和荞麦粉混合均匀，并将混合好的面粉均匀地分为两份，一份作为调粉用，另一份作为混合粉备用。调粉前先将预先准备的温水的40%倒入调粉机，然后投入50%的混合粉和全部活化好的酵母液，一起搅拌成软硬均匀的面团，将调制好的面团放入发酵室进行第一次发酵。发酵室温度控制在28~30℃，相对湿度控制在75%左右，发酵2~4h；其间揿粉一两次。发酵成熟后再进行第二次调粉。

（3）第二次调粉及第二次面团发酵 把第一次发酵成熟的种子面团和剩

余的原辅料（除起酥油外）在和面机中搅拌，快要成熟时放入起酥油，继续搅拌，直至面团温度为26~38℃，且面团不粘手、均匀有弹性时取出，放入发酵室进行第二次发酵。发酵温度28~32℃，经2~3h即可成熟。发酵成熟判断：可用手指轻轻插入面团内部，再拿出后，四周的面团向凹处周围略微下落，即标志成熟。

（4）分割、静置　将发酵成熟的面团切成适当小面块，搓揉成表面光滑的圆球形，静置5min，便可整形。

（5）成型　将揉圆的面团压薄、搓卷，再做成所需制品的形状。

（6）醒发　将成型后的面包胚，放入醒发室或醒发箱内进行发酵。醒发室温度为38~40℃，相对湿度为85%左右，醒发55~65min，待其体积达到成型后的1.5~2倍时，用手指在其表面轻轻一按，若能慢慢起来，表示醒发完毕，应立即进行烘烤。

（7）烘烤　掌握烘烤面包生坯的火候也是制作好面包的关键。烘烤面包的烤炉有煤烤炉、电烤炉和远红外线烤炉。通过烤炉对面包生坯进行高温烤制，制品不仅可由生变熟，而且会形成金黄的表面、膨松的组织，面包香甜可口，富有弹性。烘烤时预热烤箱至170℃（或上火175℃、下火140℃），在烤盘上铺上垫纸，再放好模圈备用。将面包醒发后立即放入炉中烘烤，先用上火140℃，下火260℃，烤2~3min，再将上下火均调到250~270℃烘烤定型，然后将上火控制在180~200℃，下火控制在140~160℃继续烘烤，总烘烤时间为7~9min。烘烤面包，总的要求用旺火，但不同阶段要用不同火候。第一阶段面火要低（120℃左右），底火要高（不超过250~260℃），这样既可以避免面包表面很快定形，又能使面包膨胀适度；第二阶段面火、底火都要高，面火可达270℃，底火不超过270~300℃，使面包定形；第三阶段逐步将面火降为180~200℃，底火降为140~160℃，使面包表面焦化，形成鲜明色泽，并提高香味。全部烤制时间根据面包大小进行掌握，如100g小面包为8~10min。这样在三个阶段中运用"先低、后高、再低"的不同火候，可以烤制出合乎质量要求的面包。其他烤炉的温度，也可根据这种变化来适当控制。

（8）冷却、包装成品　面包出炉后立即自然冷却或吹风冷却至面包中心温度为36℃左右，及时包装。由于面包的水分含量较高，在包装的环节更应该注意包装环节的消毒和避免污染。

（三）快速发酵法

1. 工艺流程

原辅料混合搅拌 → 静置 → 压片 → 卷起 → 分块称重 → 成形 → 装盘 → 醒发 →

烘烤 → 冷却 → 成品包装

2. 操作要点

（1）原辅料混合搅拌　投料顺序和搅拌时间与普通发酵法相同。面团温度春、秋、冬三季可控制高一些，为30~32℃；夏季应控制低一些，为25~27℃，否则面团在搅拌期间就会发酵，影响搅拌质量和后道工序的加工操作。面团温度的控制，除应考虑季节变化外，主要应根据车间温度来确定。

面团软硬度有两种情况，一种是稍硬些，面团吸水率小于4%，有利于压片和成形操作，浮粉用量少。面包体积小，组织均匀紧密，有特殊的纹理。口感好，俗称有"咬头"。内部组织呈丝状和片状，能用手一片一片撕下来。根据多年的生产和销售情况来看，消费者对这样的面包比较欢迎。另一种情况是面团很软，面团吸水率在45%以上，不利于压片、折叠和成形操作，需使用大量浮粉，否则粘压片机。但醒发速度较快，有利于面团起发膨胀，面包体积较大，组织疏松，但纹理不如前者，面包组织很软，口感较差，无"咬头"。消费者对此种面包不太欢迎。因此，控制面团软硬度是很重要的。

（2）静置　快速发酵法有的静置，有的不静置。静置一段时间有利于面粉进一步水化胀润，形成更多的面筋，改善面筋网络结构，增强持气性，静置时间一般为20~30min，用手拍打面团，出现"空空"的声音时即可。不需静置的面团可直接压片，但面包体积比静置的小。

（3）压片　将面团在压片机上反复压延二十多遍，直至面团表面光滑、细腻为止，压片时要加少量浮粉，否则面片不光滑。面团太软时需要加浮面粉，否则易断条，粘机器。

（4）卷起　面片压好后置于操作台上，用滚筒稍加压延，把面压薄，有利于卷起后封口。在面片表面刷一层水，然后从一端卷起，卷成圆筒状，要求卷紧、卷实，否则成品表面易出现坑凹，不光滑，如果要使面包表面呈螺旋分层，可在刷过水的面片上撒上层椰蓉（丝），使面包带有浓郁的清香味，或者涂上豆沙、枣泥、可可粉等辅料，或刷一层油，这些方法均可起层，也扩大了花色品种。

（5）分块称重　将卷好后的圆筒状面团按面包成品设计规格分块，要求刀目垂直整齐，不偏，大小一致。常见的分块质量有19g、15g、120g、140g和150g等。

（6）成形　普通面包的成形方法较多，大多数利用手工成形，有方形、长方形、圆形、橄榄形等。其中，方形和长方形需通过装盘方法来成形。

（7）装盘　所制面包的形状取决于装盘是否恰当。如需要长方形面包，在摆盘时可将面团横向间距小一些，纵向间距大一些；如需要方形面包，则应四周间距相等。这只是笼统的做法，实际生产时还应通过反复试验来校正。烤盘的尺寸要与分块大小相匹配。烤盘的边沿要达到56cm高，并且要垂不要出现斜边，有利于面包形状规整。采用平烤盘装盘和烘焙。

（8）醒发　与常规方法基本相同，醒发成熟的标志是面团在盘内全部长满。

（9）烘烤　由于面包中的糖、蛋、乳粉含量较高，着色较快，应适当降低炉温，防止面包外煳内生，一般为180~220℃，放入时温度控制在175~180℃。如果采用隧道式烤炉，则入炉后第二阶段可只给下火不给上火，以后各阶段烘焙方法与普通方法相同。

（四）冷藏和冷冻面团法

冷冻面团法是20世纪50年代以来发展起来的制作面包的新方法，它是将面包制作过程中的面团制作和烘烤两个环节分离开来，即在面包生产工厂中完成面团的调制、发酵、整形，经快速冷冻后将面团贮藏在冷冻库中，根据需求再将此冷冻面团制品送往各个连锁店或家庭，贮藏在冰箱中，各连锁店随时可以将冷冻面团从冰箱中取出，放入发酵箱内进行解冻、成型发酵，然后烘烤，制成新鲜面包。采用这一方法满足了消费者吃新尝鲜的要求，顾客可以在任何时间买到刚出炉的新鲜面包。许多发达国家如欧美、日本等国应用冷冻面团技术已有几十年的历史，特别是20世纪70年代耐冻性面包酵母开发投入商业化生产进一步促进了面包行业连锁店经营方式的发展，同时冷冻面团技术也得到了迅速普及。

冷冻面团法特点包含八点:

①省时。省去配料、调粉、整形等工序的操作时间。

②省工。因制作程序的省略,技术人员的人工成本大幅降低。

③省料。由于直接采用半成品(冷冻面团),无原料损耗,节省了各种材料的囤积保存。对销售少的产品,可集中一次生产后,将原料冷冻冷藏,节约制作成本。

④省地。生产车间面积大幅度减少。

⑤产品多样化。可增加面包的种类而无须增加设备投资。

⑥产品质量稳定化。各连锁店的冷冻面团由中心面包厂统一供应,可使产品质量保持一致。产品经冷冻后运输、贮藏,增加了产品的贮藏性,增大了产品的销售范围和距离,而且不必担心产品变质,可以减少或防止面包因老化造成的8%~10%损耗。

1. 工艺流程

(1)第一种预成型发酵面团冷冻法

原辅材料 → 调粉 → 发酵 → 分割与整形 → 成型发酵 → 冷冻 → 冷冻预发酵面团 → 冻藏 → 解冻 → 烘烤 → 冷却 → 包装成品

(2)第二种即烤冷冻面团法

原辅材料 → 调粉 → 发酵 → 发酵面团 → 冷藏 → 冷藏面团 → 解冻 → 整形 → 成型发酵 → 烘烤 → 冷却 → 包装成品

(3)第三种冷冻面团法

原辅材料 → 调粉 → 发酵 → 分割与整形 → 冷冻 → 冷冻面团 → 冻藏 → 解冻 → 成型发酵 → 烘烤 → 冷却 → 包装成品

(4)第四种冷冻面包法

原辅材料 → 调粉 → 发酵 → 分割与整形 → 成型发酵 → 烘烤 → 冷却 → 成品 → 冷冻 → 冷冻面包 → 冻藏 → 解冻 → 包装成品

2. 操作要点

（1）原辅材料

①小麦粉与荞麦粉的类型。小麦粉与荞麦粉的类型对冷冻面团的质量有着很大的影响，面团筋力的下降是造成面包焙烤品质下降的主要原因之一，因冷冻对面团面筋的结构有损伤，所以在选用冷冻面团的小麦粉时，一般选用筋力强、蛋白质含量高（11.5%~13.5%）的小麦粉。并且，贮藏过一段时间的小麦粉要比新磨的小麦粉更具持水力。

②加水量。加水量要适中，一般在50%~60%，不能过多或过少。过多会导致面团发黏，多余的水分不能进入到小麦粉中去；过少会导致面包发干，并会缩短面包的保质期。冰晶会影响面团的蛋白质，降低面团的持气力。应适当减少加水量，加水量减少会抑制冰晶的形成，从而减少冰晶对面团质量的负面影响。和面条件同样重要，和面要求迅速、均匀、温度均一。快速和面机，会使面团产生大量而较小的气孔，这样生产出来的面包结构较好；而慢速和面机生产出的面包内部气孔较为规则。

③酵母用量。在实际的面包生产中，采用的冷藏发酵面团的温度通常为2~5℃，因为大多数面包酵母在5℃以下其生长繁殖活动显著减慢，有些酵母进入休眠状态。而冷冻面团技术所采用的贮藏温度为-24~-18℃，速冻隧道中的冷风温度通常在-40℃左右，在此温度下由于受冻伤的影响，普通面包酵母的存活细胞所剩无几，而且经解冻后其产生二氧化碳气体的能力大大下降。因此，耐冻性面包酵母的商品化生产成为应用冷冻面团技术生产面包的必要前提条件。我国目前冷冻面团生产使用的酵母除了部分使用进口耐冻酵母外，许多厂家通过增大普通酵母的使用量，鲜酵母用量3.5%~5.5%，即发活性干酵母用量1.5%~2.5%，加大酵母的用量会产生酵母的臭味，给产品的风味带来不良的影响。目前，我国自行选育的耐冻性面包酵母的研究开发工作正在进行工业化生产实验。所以，冷冻面团技术在面包和发酵面制品制造行业的推广应用还需要一定的时间。

④糖的用量。糖的使用量根据产品种类而定。同种类的面包，采用冷冻面团法生产的面包面团，糖的用量要比普通面包面团稍多一些，要多1%~3%。由于糖具有较大的吸湿性，因此含糖较多的产品在贮藏期间稳定性好。

⑤添加剂。冷冻面团中使用添加剂可有效地改善面团的品质。常用的添加

剂有保护酵母类、酶制剂、氧化剂、乳化剂、胶体等。

海藻糖是一种抗冻剂，在甜面包中它的作用是提高酵母的产气能力：在白面包中，它可以提高酵母的抗冻性，面包中的添加量一般为5%~6%。

α-淀粉酶可以分解淀粉产生糖，提高解冻后酵母的发酵时间，从而改善面包内部品质，使面包心白而细腻，气孔更均匀。葡萄糖氧化酶与脂肪酶能够改善冷冻面团的稳定时间和拉伸特性，从而很好地改善面包的质量。氧化剂可以氧化面筋蛋白质中—SH键，使其转化成—S—S—键，从而增强面团的筋力，提高面团的弹性回性和持气性。

抗坏血酸作为氧化剂广泛地应用在冷冻面团中，在面团中单独加入抗坏血酸，一般用量为40~80mg/kg（小麦粉），可以减轻冷冻面团在贮藏中流变特性的损失。

二乙酰酒石酸单双甘油酯是一种常用的面包质量改良剂，它通过与面筋中亲水和疏水基团连接，使面团能够形成好的网络结构，从而提高面团的搅拌持气性，增大面包体积，防止塌陷，其最适添加量为0.2%。过氧化钙、硬脂酰乳酸钠（SSL）、硬脂酰乳酸钙（CSL），具有干燥面团的作用。这些物质可以与水相互结合，降低面团中自由水含量。同时，SSL和CSL也具有使面团组织柔软的作用，改善面团在成型发酵过程中气体的保持能力。

水状胶体可以改变食品的结构，提高水分保持能力，控制水分迁移，在食品存储期间可以保持食品的品质。瓜尔胶是一种多聚糖，它常与刺槐豆胶与角叉菜聚糖胶一起使用，以作为冰淇淋、派和其他冷冻食品的稳定剂。瓜尔胶、黄原胶、琼脂和果胶用于焙烤食品，可以提高产品的湿度。羧甲基纤维素（CMC）、阿拉伯树胶、刺槐豆胶都可以减少冻结冻藏过程中的冻结水的生成量，缩短面团的醒发时间，改善面包的质量。

（2）调粉　面团的调制程度应根据产品品种的不同来确定，主食面包面团调制的时间较长，面筋的扩展程度较大；花色面包则调制的时间较短，无论哪种产品都应严格按照配方的工艺要求进行调粉。调制后面团的温度应控制在18~24℃，较低的温度能使面团在冻结前尽可能降低酵母的活性，也有利于节约冷能。

（3）发酵　准备成型后冷冻的面团在调制后一般静置20~30min，以消除面团内部在调粉过程中产生的应力，使面团变得松弛。如果是准备直接冷冻的面团，则无需静置，可以立即进行分割，在分割的过程中，酵母在面团内部仍产生着一系列增殖发酵活动，特别是在采用冷冻方式的面团中加入较多的酵母，可使面团内部酵母的增殖发酵活动更为剧烈、迅速。面团在冷冻前的发酵时间直接影响到冷冻后面团的发酵力，有实验表明面团冷冻前发酵时间越长，冷冻、解冻后面团的发酵力越差。面团在冷冻、静置、分割、成型等工序都应作为前发酵时间计算在内，根据有关实验数据使用普通酵母的冷冻面团，前发酵时间应控制在1h之内；使用耐冻酵母的冷冻面团，前发酵时间应控制在1.5h以内。

（4）分割与整形　分割与整形应按照产品的工艺要求确定分割面块的大小，对于冷冻面团制品，分割面块不宜过大，块形过大，会导致冷冻温度不均匀，冷冻效果不佳，一般分割面团质量为100~200g，特殊产品也不过300~500g。由于冷冻面团的温度低，含水量较少，面团较硬，缺乏弹性和韧性，因此在机械成型时特别要注意不要损伤面团。

（5）冷冻和冻藏　成型后的制品要尽快速冻，速冻可分为机械吹风冻结和低温吹风冻结两种形式，冷风温度一般为-46~-34℃，流速为17~20m³/min，使进入速冻隧道的制品迅速通过对酵母细胞产生严重危害的最大冰结晶带-5~-1℃，使制品的中心温度很快地达到预定的温度。经速冻后的制品应贮藏在-23~-18℃的条件下，最长不超过12周，国外大型生产厂家采用的冻藏时间一般为4~6周。

（6）解冻　根据以往的实验表明，解冻可以采用两种温度条件，一种方法是将冷冻面团放在4℃的冷藏室内解冻16~24h，然后将解冻的面团放在温度为32~38℃，相对湿度为70%~75%的发酵箱中，发酵2h。另一种方法是将冷冻面团直接放在温度为27~29℃，相对湿度为70%~75%的发酵箱中，发酵2~3h，这两种方法采用的相对湿度比未经冷冻的新鲜面团要低，目的是防止面团发生收缩，使面团软化，造成产品发生塌陷。经解冻、成型发酵后的面团即可转入烘烤。

（五）乔利伍德面包制作法

乔利伍德面包制作法（Choreywood bread process）是由乔利伍德（Choreywood）小组最初研究公布的方法，在实际应用过程中，随着不同原料的使用要求，对调粉机和工艺进行了多次改进。它是应用高速搅拌产生的能量促进面团起发的原理而研制出的一种新型的快速面包制作方法。乔利伍德法原理是使用高速搅拌机在加压条件下，将机械能输入到面团中，然后通过突然减压使面团内的能量释放，使面团瞬间得到膨胀完成发酵，使调粉与发酵两个工序结合在一起，在调粉过程中完成发酵，面团达到最佳膨胀水平。此法搅拌面团时要比常规方法多耗能5~8倍，而多消耗的能量又与常规方法酵母发酵产生的总能量水平相同。

其特点就是大幅度缩短了生产周期，从调粉至出面包成品少于2h，常规法需要5h，节省了人力、设备，减少了发酵面团使用的发缸，节省了车间空间，可以使用面筋含量较低的小麦粉，如蛋白质含量为8%~10.5%的中筋粉。由于调粉与发酵一起完成，同时又增加了水量，减少了发酵损失，提高了出品率，节省了成本。从配料至出成品完全由机械完成，自动化程度高，产品质量更为一致，同时保证了卫生安全。由于面团温度较高，要求后续工序加快完成；制作添加果料的面包时，要二次调粉。

1. 工艺流程

原辅材料+酵母发酵液 → 混合均质 → 面团调制 → 静置 → 成型发酵 → 烘烤 → 冷却 → 包装成品

2. 操作要点

（1）原辅材料　使用大量的抗氧化剂，如抗坏血酸等。酵母的用量比常规法增加50%~100%。加水量也多于常规法；使用高熔点油脂和乳化剂或两者的混合物。

（2）面团调制　调制时间为2~5min，面团温度为28~31℃，调粉时要控制调粉机内气体的压力，以便使面团产生气孔结构。

（3）静置　面团分割后在29℃室温下，静置8~10min。

（4）成型发酵　成型发酵时间为25~30min，温度和湿度与常规法相同。

（六）多次发酵法

多次发酵法是利用各种天然酵母作为面包面团的发酵剂。除酵母外还有同时利用乳酸菌的酸面团法，如含有活乳酸菌的发酵酸乳，由全粒黑小麦粉和全粒小麦粉制作的酸面团等。在使用天然发酵剂进行面包制作的过程中，种子面团的制作需要经过3~6次的面团调制与发酵，而且面包坯的成型发酵时间比使用普通市售酵母的发酵时间长，由于使用特殊的发酵剂进行面团发酵，使得面包制品带有各种独特的香味，产品深受众多消费者的青睐。

1. 酸面团法

酸面团法是为制作黑麦面包所采用的制作方法。由于黑小麦粉中不含有面筋蛋白质，不能形成面筋，采用普通的制作方法制得的面包产品内部发黏，只有使用含有酵母和乳酸菌的酸面团进行发酵，才能使面团组织内产生气泡，得到瓤心湿润、口感良好、风味浓厚的黑麦面包。与我国南方家庭中自制酒酿一样，采用酸面团法需要自制或市售的发酵剂，发酵剂中含有酵母和乳酸菌，来源和制作方法不同，发酵剂中两种菌的比例不同，因此发酵可赋予面包制品不同的风味。在国外，发酵剂通常都由各饼屋自行制作，最初是将黑小麦粉和水混合，放置在适宜的温度下进行酵母的培养。每天根据培养情况1~2次添加黑小麦粉和水，扩大培养使酵母增殖，并由乳酸菌产酸，照此方法继续4~5d，经发酵的面团熟成并带有特殊的芳香气味，这样的发酵面团称为初种或发酵剂，在发酵剂中添加黑麦粉和水，将其捏合成面团保持一定温度使其继续发酵，照此方法经过2~3次的扩大培养，得到的发酵面团就成为酸面团，用它作为种子面团，添加一定比例的小麦粉、黑麦粉、水和食盐可制成不同风味和形状的黑麦面包。正常情况下，利用发酵剂经过3次扩大培养制成的酸面团，在调制面包面团时无需再添加酵母。但如果制得的酸面团的发酵力较弱，酸味较强，说明酸面团中乳酸菌占的比例较大，此时需添加少量的酵母，制得的发酵剂可以在低温下保存数周。

主要工艺流程如下：

荞麦面团揉合 → 4~5 d扩大培养 → 发酵剂 → 2~3次扩大培养 → 酸面团 → 面团调制

分割成型 → 成型发酵 → 烘烤 → 冷却 → 成品

2. 天然酵母发酵法

天然酵母发酵法是利用水果、发酵酸乳、酒花和自制啤酒中的酵母进行培养后作为发酵剂，发酵面团制作面包的方法。在众多的天然材料中，由葡萄干和发酵酸乳培养的酵母稳定性最好，其次是苹果和自制啤酒酵母稳定性好。自制天然酵母的基本方法是将天然材料与水混合制成发酵液，在一定温度下培养3~4d，当发酵液内产生气泡后即可作为发酵剂使用。将制得的发酵液与小麦粉混合制成种子面团，再用种子面团进行主面团的调制，制作各种面包，当种子面团发酵力不足时，可以通过1~3次面团的扩大培养使种子面团中的酵母增殖，使发酵潜力增大。

主要工艺流程如下：

原材料+水 → 3~4 d培养 → 发酵 → 面团捏合 → 1~3次扩大培养 → 种子面团 →

面团调制 → 发酵 → 分割 → 静置 → 成型 → 成型发酵 → 烘烤 → 冷却 → 成品

自制天然酵母的原材料不同，生成菌的种类和数量各异，在培养过程中产生的副产物也不相同。正是由于各种菌作用的结果，才使得制成的面包带有特殊的风味。但自制的天然酵母中如果酵母以外的杂菌含量增多，面团的发酵力不足，发酵时间就会延长，面团就会过分软化。制作高质量的天然酵母面包要比制作普通面包的难度大，为了使天然酵母面包的质量稳定，每天都能够制作出高品质的产品，需要面包技师具有面团温度管理的经验，能够从面团的香气和熟成状态的微细变化中感知面团的发酵程度，把握好每步工序中面团的变化状况。

（七）液体发酵法

日本称为液种法（Brew Process）。液体发酵法的特点是缩短了面团的发酵时间，提高了生产效率；从原辅料处理到成品包装可实现全部自动化和连续化生产；提高了面包的贮藏期，延缓了老化速度；缩短了发酵时间。不足之处是需要大型的容器；面包的体积容易过分增大，使面包味道变得淡而无味。

1. 工艺流程

原辅料选择与处理 → 液体发酵 → 冷藏贮藏 → 调制面团 → 面团发酵 →

分割整形 → 成型发酵 → 烘烤 → 冷却 → 包装成品

2. 操作要点

（1）原辅料选择与处理　制作荞麦面包的主要原料是面粉，选粉是制好面包的一个关键，选用小麦粉时，用湿面筋含量为35%~45%的硬麦粉，最好是新加工后放4周的面粉；选用荞麦粉时，用当年生产的荞麦磨制精粉。将两种面粉分别过筛，要求全部通过CB30号筛绢，除去粗粒和杂质。擀开结块的白糖；食盐、糖需用开水化开；酵母需放入26~30℃的温水中，加入少量糖，用木棒将酵母块搅碎，静置活化，鲜酵母静置20~30min，干酵母需静置约

5min；水选用洁净的、中等硬度、微酸性的水。

（2）液体发酵　液体发酵的方法可分为两种，不含小麦粉的液体发酵种和含小麦粉的液体发酵种。第一种不含小麦粉的液体发酵种是先将酵母在含有少量糖的发酵液中进行培养增殖，然后再与小麦粉和其他原辅料混合调制成面团，将面团静置30min后进行分割、成型等其他工序的方法。此种制作方法缩短了整个制造过程的时间，一天内所需要的液体种子可以一次制作，进行冷藏，需要时按照配方用量从冷藏箱中取出使用。但是制品的风味欠缺，可通过添加乳粉来弥补和改善；而且制品品质的稳定性较差。第二种含小麦粉的液体发酵种是使用配方中20%~40%的小麦粉加入等量的水和一定量的酵母，混合形成浆糊状发酵液的方法，酵母的使用量应根据发酵时间的长短添加。含水多的发酵液发酵和面团熟成的速度快，发酵2h后就可以使用。通常晚上调制发酵液，翌日早晨使用，调制面团。如果需要较长的发酵时间，应采用减少酵母的用量，或增加食盐的添加量的方法进行调整。还可以采取中途降低发酵温度的措施，延长发酵时间。从以上两种方式的配方来看，液体种子中含有的碳酸钙和小麦粉是作为缓冲剂使用的，防止液体种子发酵过度，pH过低。除此之外，还可使用乳粉作为缓冲剂，这是美国乳粉协会（ADMD）的方法。对于较大规模的生产采用连续面团制造法（continuous dough making process），这种生产方式是一边制作大量的液体种子，发酵并贮藏；一边将发酵好的液体种子不断与主原料小麦粉搅拌混合，调制成面团的方法。方法中，以乳粉作为缓冲剂的方法，即ADMD法制作的面包风味最佳，其次是以小麦粉作缓冲剂的方法，而以碳酸钙作缓冲剂的方法制作的产品风味较差。

（八）其他发酵方法

1. 酒种法

酒种法是利用酿酒酵母将大米制成米酒、醪糟作为发酵剂添加于面团中，以使制品中产生酒香味的方法。这种制作果子面包的方法源于日本（1869年），至今已有150多年的历史。该方法主要用于果子面包的制作，如豆馅、果酱面包等，近年来，人们也以同样的方法制作主食面包。这种制作方法将制作工序分为酒种制作和面团制作两个主要环节，酒种的制作需要7~10d；面团的制作采用二次发酵法，面包坯的成型发酵时间较长，因此，酒种面包的整个生产周期较长。

2. 老面法

老面法是利用以前发酵剩余的陈面团作为发酵剂的方法，也是我国北方农村制作馒头所采用的传统发酵方法。陈面团中不但含有酵母还含有大量的乳酸菌和醋酸菌，制作面团时先将陈面团用温水化开，再用泡面团的水调制小麦粉，调制后的面团经数小时的发酵后，面团体积膨大2~3倍，面团产生较为强烈的酸味，在制作馒头或面包前用食用碱（碳酸钠）水溶液，中和面团中的酸性，使面团pH达到中性，使面团的味道变甜，然后成型、醒发、蒸制或烘烤。在欧美国家的一些面包店和家庭中仍在使用着这一传统古老的方法，其产品保留着乡土风味，有别于含油糖多的新式面包，始终受到消费者的青睐。

3. 化学膨松剂法

利用化学膨松剂作为面团的膨松剂，如碳酸氢钠（小苏打）、碳酸氢铵、葡萄糖酸内酯等。目前有些市售的预混粉中，在添加即发活性干酵母的同时添加了部分的化学膨松剂，以满足特殊产品加工工艺的需要。

第三节　荞麦面包的功能活性

将荞麦加入面包中，不仅改善了传统面包的风味，更重要的是充分利用了荞麦的营养价值，丰富了人们的膳食结构。荞麦蛋白质中含有丰富的赖氨酸成分，铁、锰、锌等微量元素比一般谷物丰富，而且含有丰富的膳食纤维，具有很好的营养保健功能。荞麦含有丰富的维生素E和可溶性膳食纤维，同时还含有烟酸和芦丁（芸香苷），芦丁有降低人体血脂和胆固醇、软化血管、保护视力和预防脑出血的作用。荞麦含有的烟酸成分能促进机体的新陈代谢，增强机体的解毒能力，还具有扩张小血管和降低血液中胆固醇含量的作用。荞麦含有丰富的镁，能促进人体纤维蛋白的溶解，使血管扩张，抑制凝血块的形成，具有抗栓塞的作用，也有利于降低血清中胆固醇的含量。荞麦中的某些黄酮成分还具有抗菌、消炎、止咳、平喘、祛痰的作用，因此，荞麦还有"消炎粮食"的美称，这些成分还具有降低血糖的功效。

研究发现，用荞麦粉替代面包成分中15%的小麦粉不会影响面包的比容和感官得分，荞麦强化面包使面包具备了生物活性酚类成分，成为功能性面包，并且面包心的总酚含量低于面包皮。此外，荞麦粉强化后制作的面包含有更高的芦丁和槲皮素，荞麦面包有较好的抗氧化能力和还原能力。

第四节　荞麦面包产品

一、国内常规荞麦面包

（一）苦荞面包

原料配方：苦荞粉120~150g、高筋面粉250~310g、酵母6~8g、白糖14~16g、大枣30~50g、山楂15~30g、温水220~270mL。制作工具或设备：搅拌桶、搅拌机、笔式测温计、擀面杖、保鲜膜、烤盘、烤箱。

图 11-1　苦荞面包

风味特点：苦荞面包组分简单、营养丰富、具有特种微量元素及药用成分，有抗氧化、安神、预防心脑血管疾病等作用，且二次发酵在烤箱中进行，缩短了发酵时间，如图11-1所示。

（二）燕麦苦荞面包

原料配方：荞麦熟粉100~120g，燕麦粉80~100g，谷朊粉20~50g，芦丁粉2~5g，面粉250~310g，白糖6~8g，温水250~310mL。

风味特点：用该制作方法制得的面包，荞麦总含量最低为15%，最高可达40%，制得的面包中含有较高含量的芦丁，大大增加了面包的营养价值。

（三）香菇山药荞麦面包

原料配方：荞麦粉800g、玉米面200g、香菇粉300g、山药粉100g、白砂糖

700g、红糖100g、花生油300g、黄油100g、鸡蛋200g、鲜酵母6g、食盐、柠檬香精和甘草糖浆各少许。

风味特点：本产品香软可口、绵甜美味、具有山药的香甜与香菇的香鲜气味；本产品不仅营养丰富、易于消化，还可滋阴养肺、提高人体免疫力，具有延缓衰老、降压降脂、防癌抗癌的功效。食用方便、老少皆宜，是一种既美味又保健的食品。

（四）玫瑰花荞麦面包

原料配方：荞麦粉200g、玉米面50g、香菇粉70g、山药粉25g、红糖25g、花生油50g、黄油25g、鸡蛋50g、鲜酵母2g、玫瑰花、食盐、柠檬香精和甘草糖浆各少许。

风味特点：本产品具有明显的玫瑰花香气味，且保健作用突出，深受消费者喜爱。

（五）荞麦吐司面包

原料配方：高筋面粉450g、荞麦粉50g、酵母6g、水20mL、糖15g、牛乳50mL、盐10g、改良剂5g、黄油30g。制作工具或设备：搅拌桶、笔式测温计、西餐刀、醒发箱、擀面杖、吐司模、烤盘、烤箱。

风味特点：色泽金黄，松软香甜。

（六）牛奶荞麦吐司面包

原料配方：高筋面粉400g、荞麦粉50g、酵母6g、白糖15g、食盐7g、鸡蛋50g、炼乳25g、牛乳270mL、黄油50g。制作工具或设备：搅拌桶、和面机、笔式测温计、西餐刀、醒发箱、擀面杖、吐司模、烤盘、烤箱。

风味特点：色泽金黄，刚刚烤好的制品散可发出浓郁的乳香，质地柔软。

（七）荞麦红豆吐司面包

原料配方：高筋面粉300g、荞麦粉50g、细砂糖35g、盐4g、全蛋30g、牛乳100mL、乳粉15g、快速干酵母5g、无盐黄油25g、蜜红豆120g、制作工具或设备：搅拌桶、和面机、笔式测温计、西餐刀、醒发箱、擀面杖、吐司模、烤盘、烤箱。

（八）荞麦椰丝芝麻面包

原料配方：种子面团配方：高筋面粉40g、糖50g、水250mL。主面团配方：高筋面粉100g、荞麦粉50g、糖50g、盐6g、乳粉30g、鸡蛋60g、水20mL、黄油50g、芝士粉6g。椰子馅配方：黄油15g、糖35g、鸡蛋15g、椰丝35g。芝麻馅配方：芝麻75g、糖25g、黄油25g。制作工具或设备：搅拌桶、和面机、打蛋器、笔式测温计、西餐刀、醒发箱、擀面杖、烤盘、烤箱。

风味特点：色泽金黄、微咸酥脆，如图11-2所示。

图11-2　荞麦椰丝芝麻面包

（九）荞麦芝麻面包棒

原料配方：高筋面粉350g、低筋面粉50g、荞麦粉50g、黄油50g、盐5g、酵母10g、水250mL、鸡蛋1个、黑白芝麻各25g。制作工具或设备：搅拌桶、和面机、笔式测温计、西餐刀、醒发箱、擀面杖、保鲜膜、烤盘、烤箱。

风味特点：色泽金黄、微咸酥脆，如图11-3所示。

图11-3　荞麦芝麻面包棒

（十）荞麦芝麻面包

原料配方：荞麦面粉100g、高筋面粉150g、黑芝麻粉20g、速溶麦片25g、酵母3g、黄油25g、鸡蛋60g、盐3g、糖30g、温水120mL。制作工具或设备：搅拌桶、笔式测温计、西餐刀、醒发箱、擀面杖、保鲜膜、烤盘、烤箱。

图11-4　荞麦芝麻面包

风味特点：色泽金黄、口感酥脆、营养搭配合理，如图11-4所示。

（十一）黑苦荞面包

原料配方：高筋面粉150g、黑苦荞粉150g、水130mL、酵母5g、砂糖10g、盐5g、葡萄干100g、核桃仁100g、糖粉15g。制作工具或设备：搅拌桶、搅拌机、笔式测温计、西餐刀、醒发箱、擀面杖、保鲜膜、烤盘、烤箱。

风味特点：色泽红亮、富含纤维素、口感略粗糙，如图11-5所示。

图11-5　黑苦荞面包

（十二）荞麦胚芽面包

原料配方：高筋面粉420g、苦荞芽粉50g、胚芽粉30g、酵母10g、糖10g、乳粉20g、水300mL、黄油30g、盐2g。制作工具或设备：搅拌桶、立式调粉机、笔式测温计、西餐刀、醒发箱、擀面杖、烤盘、烤箱。

风味特点：色泽金黄、口感蓬松。

（十三）全麦面包

原料配方：高筋面粉220g、荞麦面粉150g、干酵母5g、糖20g、盐5g、温水180mL、黄油35g。制作工具或设备：搅拌桶、搅拌机、笔式测温计、西餐刀、醒发箱、擀面杖、保鲜膜、烤盘、烤箱。

风味特点：色泽金黄、口感蓬松、营养全面，如图11-6所示。

图11-6　全麦面包

（十四）鲜奶油荞麦吐司面包

原料配方：高筋面粉350g、荞麦粉50g、鲜奶油30g、牛乳30mL、酵母10g、鸡蛋120g、白糖30g、盐4g、乳粉20g、黄油25g、水150mL。制作工具或设备：面包机、笔式测温计、西餐刀、醒发箱、擀面杖、吐司模、烤盘、烤箱、保鲜膜。

风味特点：色泽金黄、形似枕头、蓬松软绵，如图11-7所示。

图11-7　鲜奶油荞麦吐司面包

二、其他国家荞麦面包

（一）法国荞麦面包

法国荞麦面包，因外形像一条长长的棍子，所以俗称法棍，是法国特产的硬式面包。其被作为主食面包，特点是低糖量、低脂肪而且表皮香脆、内里松软、弹性佳、咬劲十足。

风味特点：表皮香脆、内里松软、弹性佳、咬劲十足。

原料配方：高筋粉800g、低筋粉100g、荞麦粉100g、酵母12g、盐20g、改良剂10g、水640mL。制作工具或设备：搅拌桶、和面机、笔式测温计、西餐刀、醒发箱、擀面杖、烤盘、烤箱，如图11-8所示。

（二）意大利荞麦面包

意大利荞麦面包的风味特点：具有轻微焦黄的外皮和淡的口味、香脆且有嚼头。

原料配方：色拉油5g、黄油15g、发酵粉5g、高筋面粉400g、荞麦粉50g、水200mL、砂糖5g、盐5g、茴香0.5g、洋葱粒15g。制作工具或设备：小碗、搅拌桶、和面机、笔式测温计、西餐刀、醒发箱、擀面杖、烤盘、烤箱，如图11-9所示。

图11-8 法国荞麦面包

（三）荷兰杂粮荞麦面包

荷兰荞麦面包的风味特点：色泽浅黄、表面具有龟裂条纹。

原料配方：温水280mL、活性干酵母5g、鲜牛乳50mL、盐7g、黄油15g、高筋面粉400g、荞麦粉50g、米粉100g、鲜酵母8g、色拉油40g。制作工具或设备：微波碗、和面机笔式测温计、西餐刀、醒发箱、擀面杖、烤盘、烤箱，如图11-10所示。

图11-9 意大利荞麦面包

图11-10 荷兰杂粮荞麦面包

（四）维也纳面包

原料配方：高筋面粉900g、荞麦粉100g、糖80g、盐20g、乳粉50g、干酵母13g、改良剂3g、黄油50g、鸡蛋120g、水50mL。制作工具或设备：搅拌桶、和面机、笔式测温计、西餐刀、醒发箱、擀面杖、烤盘、烤箱。

风味特点：少油、少糖、少盐、具有麦子的香味，如图11-11所示。

图11-11　维也纳面包

（五）英国白面包

原料配方：高精面粉900g、荞麦粉100g、脱脂乳粉30g、酵母25g、改良剂10g、蜂蜜100g、水550mL、酵母营养液10g。制作工具或设备：搅拌桶、和面机、笔式测温计、西餐刀、醒发箱、酵母营养液10g、擀面杖、烤盘、烤箱。

风味特点：味甜香、松软可口、易于消化、营养丰富，如图11-12所示。

图11-12　英国白面包

（六）德国黑面包

原料配方：粗磨黑麦粉400g、黑苦荞粉100g、小麦粉500g、糖5g、温水500mL、黄油乳浆或者乳渣浆25g、盐10g、酵母10g。制作工具或设备：搅拌桶、和面机、笔式测温计、西餐刀、醒发箱、擀面杖、烤盘烤箱。

风味特点：松脆外皮、营养丰富，如图11-13所示。

图11-13　德国黑面包

（七）日本荞麦面包

原料配方：高筋面粉900g、荞麦粉100g、鲜酵母20g、砂糖50g、油脂

40g、食盐20g、脱脂乳粉20g、乳化剂3g、酵母营养剂3g、水650mL。制作工具或设备：搅拌桶、和面机、笔式测温计、西餐刀、醒发箱、烤盘、烤箱。

风味特点：蓬松酥软、口味香甜，如图11-14所示。

（八）墨西哥甜面包

原料配方：黄油50g、砂糖30g、猪油50g、富强粉500g、粟粉20g、荞麦粉20g、精盐5g、香兰素0.05g、水200mL、鸡蛋60g。制作工具或设备：搅拌桶、和面机、笔式测温计、西餐刀、醒发箱、烤盘、烤箱。

图11-14　日本荞麦面包

风味特点：色泽微红带白色、有明显的砂皮面、油润绵软、酥香美味，如图11-15所示。

（九）俄罗斯荞麦面包

原料配方：高筋面粉350g、低筋面粉200g、荞麦粉50g、清水100mL、牛乳40g、啤酒50g、鸡蛋120g、白糖3g、改良剂5g、乳粉20g、酵母6g、黄油40g、精盐3g、提子干20g、核桃仁35g、白兰地酒20g。制作工具或设备：搅拌桶、和面机、笔式测温计、西餐刀、擀面杖、醒发箱、烤盘、烤箱。

图11-15　墨西哥甜面包

风味特点：色泽金黄，外脆内软，如图11-16所示。

图11-16　俄罗斯荞麦面包

参考文献

[1] Chen F, He Z, Chen D S, et al. Influence of puroindoline alleles on milling performance and qualities of Chinese noodles, steamed bread and pan bread in spring wheats[J]. J Cereal Science, 2007, 45: 59−66.

[2] Dowell F E, Maghirang E B, Pierce R O, et al. Relationship of bread quality to kernel, flour, and dough properties[J]. Cereal Chemistry, 2008, 85: 82–91.

[3] Godard C, Bonniaud P, Mignot S, et al. Dietetic bread made from multi–grain flour and other ingredients regulates glycaemia and gives feeling of satiety to combat obesity[P]. FR2865898–A1.

[4] Godard C, Bonniaud P, Mignot S, et al. Weight loss and improved physical appearance can be achieved by consuming dietetic bread made from multi–grain flour and other ingredients to regulate glycaemia[P]. FR2865899–A1.

[5] Len M, Julie M. The future of whole grains In Whole grains and health[J]. Blackwell Publishing, 2007: 241– 309. 3–14.

[6] Maras J E, Newby P K, Bakun P J, et al. Whole grain intake: The Baltimore Longitudinal Study of Aging[J]. Journal of Food Composition & Analysis, 2009, 22（1）: 53–58.

[7] Wilson J D, Bechtel D B, Wilson G W T, et al. Bread quality of spelt wheat and its starch[J]. Cereal Chemistry, 2008, 85: 629–638.

[8] Yusof B N M, Talib R A, Karim N A, et al. Glycaemic index of four commercially available breads in Malaysia[J]. International journal of food sciences and nutrition, 2009, 60（6）: 487–496.

[9] 陈洪华. 面包配方与工艺[M]. 北京：中国纺织出版社, 2009.

[10] 陈慧, 顾瑾芳, 朱卫华. 面包专用粉研制与开发[J]. 粮食与油脂, 2009, 3: 10–11.

[11] 程琳娟. 荞麦面包、蛋糕的研制及其营养价值的研究[D]. 武汉：武汉工业学院, 2010.

[12] 高秀兰. 膨化粗杂粮粉在焙烤食品中的应用[J]. 现代农业科技, 2010（3）: 368–370.

[13] 巩发永. 苦荞面包配方的优化[J]. 现代食品科技, 2013, 29（01）: 118–121.

[14] 郭玲玲, 黄宝玺, 张巍. 薯泥杂粮面包的研制[J]. 齐齐哈尔职业学院学报, 2010, 4（1）: 34–37.

[15] 郭耀东, 徐超, 韩晓江, 等. 杂粮复配面包配方优化及营养特性研究[J]. 陕西农业科学, 2019, 65（06）: 8–13.

[16] 何宏, 鲁绯. 无麦高粱面包的试制[J]. 食品科技, 2000, 2: 20– 21.

[17] 贺学林. 荞麦发酵食品开发[J]. 杂粮作物, 2002（04）: 239–240.

[18] 黄宝玺, 王金凤, 郭玲玲. 高膳食纤维面包工艺的研究[J]. 农业科技与装备, 2011, 3: 28–31.

[19] 计红芳, 张令文, 张远, 等. 小米粉面包的生产配方及工艺研究[J]. 农产品加工,

2010, 10: 55–57.

[20] 李昌文. 红薯面包的研究[J]. 粮食加工, 2010, 35（5）: 82–83.

[21] 李春银. 荞麦面包的制作[J]. 农产品加工, 2010（08）: 24.

[22] 李丹, 李晓磊, 丁霄霖. 高芦丁含量苦荞面包的研制[J]. 粮食与饲料工业, 2007
（04）: 16–18.

[23] 李鹤, 向文良, 李旭. 苦荞面包配方及工艺参数优化[J]. 食品研究与开发, 2016, 37
（06）: 93–95.

[24] 李楠. 面包生产大全[M]. 北京: 化学工业出版社, 2011.

[25] 李小满. 国内外面包工业的发展与市场现状[J]. 粮油食品科技, 2001, 6（9）: 18–19.

[26] 李永海. 浅论面包工业的发展方向[J]. 粮食与食品工业, 2005, 12（2）: 4.

[27] 刘彦. 高抗氧化荞麦面包面团发酵流变与烘焙学特性研究[D]. 无锡: 江南大学,
2013.

[28] 刘云宏, 易军鹏, 白丽芳. 浓缩杂粮面包预拌粉的研究[J]. 食品工业科技, 2004, 3.

[29] 马涛, 张良晨. 膨化糙米粉生产面包的研究[J]. 粮食与饲料工业, 2009, 9: 27–29.

[30] 马涛. 面包加工技术与实用配方[M]. 北京: 化学工业出版社, 2015.

[31] 马艺超, 路飞, 马凤鸣, 等. 体外模拟消化对苦荞面包黄酮及抗氧化的影响[J]. 中
国粮油学报, 2019, 34（09）: 20–27.

[32] 邱向梅, 燕燕. 燕麦面包制作的工艺研究[J]. 粮食与饲料工业, 2007, 12: 21–22.

[33] 任红涛, 程丽英, 华慧颖, 等. 杂粮配粉对面粉及饼干品质的影响[J]. 食品科学,
2010, 31（17）: 77–80.

[34] 苏东海, 苏东民. 面包生产工艺与配方[M]. 北京: 化学工业出版社, 2008: 5–12.

[35] 田芳. 番茄红薯面包的研制[J]. 食品科技, 2005, 6: 28–30.

[36] 王蕊. 板栗营养面包生产工艺研究[J]. 粮油加工, 2005, 7: 74–79.

[37] 王树林, 刘晖, 周青平, 等. 裸燕麦面包配方和工艺研究[J]. 食品工业科技, 2007,
2: 179–184.

[38] 吴兴树. 苦荞面包的研制及品质评价[J]. 粮食与油脂, 2018, 31（01）: 53–55.

[39] 徐海菊. 红薯泥营养面包的工艺[J]. 食品研究与开发, 2010, 31（1）: 69–71.

[40] 钟志惠. 面包生产技术与配方[M]. 北京: 化学工业出版社, 2009, 3: 1–203.

[41] 周昇昇, 李磊, 赵玉生, 陈国亮. 苦荞面包的加工及其降血糖功能初探[J]. 粮食加
工, 2006（05）: 54–57.

第十二章

荞麦多肽

第一节　概述

一、多肽的简介

（一）多肽的定义

多肽也简称为肽，多肽是蛋白质水解的中间产物，分子质量介于氨基酸和蛋白质之间，是由2个或2个以上的α-氨基酸通过肽键链接在一起而形成的化合物的总称。在人体中，很多活性物质都是以肽的形式存在的。肽涉及人体的激素、神经、细胞生长和生殖各领域，其重要性在于调节体内各个系统和细胞的生理功能，激活体内有关酶系，促进中间代谢膜的通透性，或通过控制DNA转录或影响特异的蛋白合成，最终产生特定的生理效应。肽对人的细胞活性、功能活动、生命存在都有重要的影响。

（二）多肽的发现

从肽的发现到逐步发展，以及形成产业化已经有100多年的历史了。1902年，伦敦医学院的生理学家在动物肠胃里发现胰岛素，这是人类第一次发现多肽物质。1952年，美国生物化学家再将肉瘤植入小鼠胚胎的试验中，发现小鼠交感神经纤维生成加快、神经节明显增大。1960年，该种现象被证明是一种多肽物质在起作用，并将该多肽物质称为神经生长因子（NCF）。20世纪60年代，提出多肽固相提取法（简称SPPS）。20世纪70年代，神经肽的研究进入高峰，脑啡肽及阿片肽相继被发现，人类开始了对多肽影响生物胚胎发育的研究。1986年，美国生物化学家发现"生长因子"。1987年，美国批准了第一个基因多肽药物——人胰岛素。20世纪90年代，人类基因组计划启动，随着一个个基因被解密，多肽研究和应用空前繁荣。科学家把眼光放在蛋白质工程上，从某种意义上讲蛋白质研究也就是多肽研究。1996年，武汉九生堂生物工程有限公司用生物酶降解全卵蛋白，人工合成世界上第一个小分子活性肽，即"酶法多肽"，并实现了工业化和产业。2004年，以色列科学家和美国科学家发现了泛素介导的蛋白质降解。生物活性肽因具有较强的活性和多样性而受到世界各国的关注。

（三）多肽的种类

根据多肽的来源可分为内源性肽和外源性肽。内源性肽是人体内天然存在的肽类物质。外源性肽存在于天然动物、植物、微生物体内，或经蛋白质降解产生，人体内没有可直接或间接来源于动物蛋白，如动物乳汁。根据原料来源的具体种类可分为植物来源、动物来源以及微生物来源，常见的植物蛋白肽有大豆肽、玉米肽、小麦肽、荞麦肽、鹰嘴豆肽等；动物蛋白肽研究最多的是乳肽、昆虫肽、肉肽、蛋肽、鱼肽及各种海洋生物肽等；常见的微生物蛋白肽有螺旋藻肽、酵母蛋白肽等；许多植物和动物来源已被用于分离或生产生物活性肽。

多肽还分为生物活性肽和人工合成肽两大类。生物活性肽是生物体分子中天然存在的，而人工合成肽是根据已知序列通过后天合成的。根据肽中氨基酸的数量的不同，肽有多种不同的称呼：由两个氨基酸分子脱水缩合而成的化合物称为二肽，同理类推还有三肽、四肽、五肽等，一直到九肽。它们的分子质量低于10ku，能透过半透膜，不被三氯乙酸及硫酸铵所沉淀。根据多肽分子质量大小划分，由2~10个氨基酸组成的肽称为寡肽（小分子肽）；10~50个氨基酸组成的肽称为多肽。根据多肽功能用途可以分为细胞因子模拟肽、抗菌性活性肽、用于心血管疾病的多肽、诊断用多肽以及其他药用小肽。

二、生物活性肽

生物活性肽（bioactive peptide，BP）又称功能活性肽，是生物体内存在的天然肽类小分子维持机体的正常生命活动的肽类分子。生物活性肽是蛋白质在酶解过程中产生的一些具有特殊生理调节功能的介于蛋白质和氨基酸之间的低分子质量聚合物，是由20种天然氨基酸以不同组成和排列方式构成的从二肽到复杂的线形、环形结构的肽类的总称。生物活性肽是在神经系统和外分泌以及内分泌过程中发挥特定的信使功能，或者发挥抗氧化、提高免疫力等功能，在人体内大脑、胃肠、内分泌、心脏等中均可合成、释放具有功能调节的肽类物质。研究发现，食源性蛋白中也存在生物活性肽，但这些肽通常是大的蛋白中的一段，没有活性，通过肠胃蛋白酶水解或加工过程，这些肽从母体蛋白中释放出来，生物活性才能表现出来。

1950年，Mellander发现酪蛋白磷酸肽能使患佝偻病的婴儿骨密质增加，这是第一次关于食源性的生物活性肽的报道。此后，食品中发现了大量的生物活性肽。迄今为止，在已研究的活性肽中，发现的血管紧张素转换酶（ACE）抑制肽的种类最多；像其他的生物活性肽如有镇定作用的肽、抗氧化性肽、抗癌肽、免疫调节肽等也都被发现。在所有的食品中，牛乳及其他乳制品中含有相当多的生物活性肽，被研究得最为广泛。另外鸡蛋、鱼、谷物（大米、小麦、玉米）、大豆中也都相继发现了生物活性肽。

传统的蛋白质消化吸收理论认为：蛋白质在肠腔内，由胰蛋白酶和糜蛋白酶作用生成游离氨基酸和小肽，小肽在肽酶的作用下完全被水解成游离氨基酸，并以游离氨基酸形式进入血液循环，即蛋白质营养就是氨基酸营养。随着人们对蛋白质消化吸收及其代谢规律的深入研究，人们发现肽吸收的特点与氨基酸混合物的吸收特点有很大的不同，小肠黏膜对以肽形式存在的结合氨基酸，其吸收速率比以混合游离氨基酸形式存在的氨基酸吸收速率更快，肽的吸收与氨基酸的吸收之间不存在竞争而存在两种相互独立的转运机制，并且小肽吸收具有重要的生理意义。一般认为肠道内只存在运载二肽和三肽的运输系统，对多肽的大规模运输很少。另外，由于同等质量的低聚肽比同等质量的氨基酸渗透压更低，并且低聚肽与氨基酸一样无抗原性，因此也同样适合于年老体弱、胃肠功能紊乱或过敏体质的人群。并有研究报道，生物活性肽具有原料来源广、易被人体吸收、生物活性高，作用范围广、小分子肽结构易于修饰改造、重新合成，且不易引起营养过剩等特点。这就为蛋白质在体内的吸收开辟了一个新的途径。

已有研究发现，生物活性肽具有多种功能活性，如降胆固醇、降血压、降血糖、促进脂肪代谢、促进矿物质吸收、抗菌抗炎、具有免疫调节的作用。有些全球流行的慢性疾病，如心血管疾病、高血压、糖尿病、癌症等，通过药物治疗会产生药物抗性。此外，药物的长期使用会有副作用，影响健康。因此，为了预防疾病，人们更倾向于选择健康的生活方式和接受早期预防。研究表明，食用来自天然食物资源的生物活性肽可以显著地帮助预防疾病，并在全球范围内降低医疗费用，减少对药物治疗的依赖；故将生物活性肽加入各种食品中使它们具有生物利用，使其获得适当的保健功能。因此，生物活性肽在功能食品、保健食品等领域、饲料领域以及生物医药等领域具有重要应用价值。

三、苦荞活性肽

荞麦作为功能性食品在实际的生产应用中仍然受到一定程度的限制，由于荞麦胰蛋白酶的存在导致荞麦蛋白质低消化率，荞麦中还含有致敏蛋白以及苦荞产品自身的令人不愉快的味道。于是，近年来许多国内外专家开始关注从苦荞蛋白质中提取苦荞活性肽来改善苦荞蛋白的生物利用度。

苦荞活性肽是苦荞蛋白质经特征酶或生物降解后产生的具有显著生理活性，且由数个至数十个氨基酸通过脱水缩合形成的肽键所组成的肽类混合物，而苦荞活性肽属于多肽混合物。苦荞活性肽分子质量比苦荞蛋白小，但是肽的生物活性是蛋白质无法比拟的，苦荞活性肽主要集中在分子质量小于5ku的部分，并含有多种生物活性的功能氨基酸。

早在1972年，苦荞蛋白因其氨基酸种类齐全其营养价值能与牛乳、鸡蛋相媲美。1995年，国外研究者实验证明苦荞蛋白质提取物对大、小鼠经口急性毒性$LD_{50}>10g/kg$，属无毒；随后，经Ames试验、微核试验和精子畸变试验证实苦荞蛋白质提取物无致突变性；之后通过对测定大鼠生长发育及血液学、生化和病理等指标，并根据食品安全性毒理学评价程序，经二阶段毒性试验证明，确定苦荞蛋白质提取物是安全的。同年，研究报道苦荞蛋白质提取物有助于调节血糖和血脂。到了1993年，日本研究者从荞麦面粉酶解产物中分离得到了具有降血压作用的小肽物质。从此，才有了苦荞活性肽的说法。此方面我国的研究报道见于2001年，研究者们一直以苦荞提取物称之，并证实苦荞提取物具有降血糖作用，2004年，我国研究者通过对酶法水解苦荞麸皮蛋白研究苦荞活性肽的降血压作用进行了理论论述。同年，我国研究人员研发出了具有降血压生理活性的苦荞蛋白多肽产品。但这些报道只是进行了理论性阐述，并未对苦荞蛋白多肽进行详细研究。国内报道了苦荞蛋白质提取物的保健功能研究，具体对苦荞蛋白模拟消化产物进行抗氧化研究，对苦荞活性肽进行了抗菌活性的研究，但未对活性物质进行分离、纯化和表征。2018年，国内研究者开始研究苦荞抗菌肽分子的序列及结构，并通过人工合成制备苦荞抗菌肽。因此，对于苦荞活性肽的研究还存在很大的空间，为荞麦活性肽作为功能性食品研发和制作医疗保健品提供理论基础。

目前，苦荞活性肽在食品行业中的应用主要集中在食品乳饮料研制、茶饮料研制以及动物饲料添加剂等方面，在苦荞多肽饮料方面，主要是以苦荞为基本原料，通过酶解法制备苦荞活性肽，以对食品特性的感官评价为标准，筛选苦荞茶、蜂蜜、苦荞活性肽等物质的添加量，研究活性肽荞茶饮料配方，发现苦荞多肽饮料具有较强的抗氧化功能。在苦荞乳饮料方面，利用两种乳杆菌混合发酵制备苦荞乳，并优化了各种配料的添加量，以及发酵条件；并发现苦荞多肽发酵乳既具有益生菌调节胃肠道菌群平衡的优点，又有降低胆固醇和抗氧化活性等优点。因此，由苦荞蛋白质中提取得到的生物活性肽在保健食品与药品的实际应用上具有可观的市场前景。

第二节　荞麦多肽的生产工艺

一、多肽制备方法

生物活性肽在动物、植物、微生物等生物体内广泛存在，目前已经从生物体内分离出了多种天然生物活性肽，其特点是高效、低毒、无污染，可以作为药物、保健品、功能性产品使用，尤其在食品与药品领域有比较广阔的应用前景。但是，天然生物活性肽在生物体内的含量很低，目前很难直接从天然生物体中提取获得天然活性肽。生物活性肽制备方法大致分为以下五种，第一种蛋白质分解法，包括酶解法、微生物发酵法、化学水解法等；第二种生物提取法，分为直接从微生物、植物、动物中直接抽提；第三种人工合成法，是根据已知氨基酸序列进行人工合成；第四种基因工程合成法；第五种化学改性法。国内外常采用蛋白酶解法与微生物发酵法来制备苦荞多肽。

（一）蛋白分解法

蛋白质分解法是利用蛋白酶酶解法或者是利用微生物产生的胞外酶对蛋白质进行酶解，从而获得小分子肽段的过程。由于蛋白酶对底物具有特异性，且不同蛋白酶的酶切位点不同，因此不同的酶催化水解同一蛋白底物时可能会获得不同的多肽片段，它们在靶组织中具有更高的生物利用度。此外，肽的生物活性主要取决于水解的酶、加工条件和分离肽的大小。

目前广泛应用于蛋白质酶解的蛋白酶已出现很多，例如木瓜蛋白酶、胃蛋白酶、胰蛋白酶、胰凝乳蛋白酶、碱性蛋白酶、中性蛋白酶、酸性蛋白酶、风味蛋白酶以及复合蛋白酶等。微生物发酵是利用微生物的生化代谢反应将植物体的大分子蛋白转化成小分子蛋白活性肽的过程，是分离生物活性肽和食品级水解蛋白质的又一个可行有效的方法。目前，国外主要是研究流态型发酵乳制品和干酪，国内主要研究发酵豆制品和其他酱油醋等发酵食品。经发酵法制备的肽类能被人体吸收，与酶解法相比，微生物发酵法生产的肽类安全性更高，苦味与臭味更低，风味、色泽等感官特性更好，但在实际应用中投入较少。化学水解法是在一定的温度条件下，利用适当浓度的酸或碱溶液处理蛋白质，断裂蛋白质中的肽键，破坏蛋白质的空间结构，最终获得小分子肽的一种方法。常用的酸、碱溶液主要有盐酸、磷酸、氢氧化钠等。化学水解法主要适用于富含胶原蛋白角蛋白等结构蛋白的原料处理。该方法具有工艺简单、成本低等优点，但酸碱试剂可对氨基酸造成严重损害，降低蛋白质营养价值。例如，酸水解可导致色氨酸完全破坏，甲硫氨酸部分损失，谷氨酰胺转化为谷氨酸，天冬酰胺转化成天冬氨酸；碱水解可导致大多数氨基酸完全破坏。此外，酸碱溶液水解蛋白的作用位点难以确定，对生产的多肽质量较难把控，水解结束后还须将酸碱除去，故很少采用化学水解法来制备生物活性肽。

（二）生物提取法

生物提取法是利用溶剂将存在于细菌、真菌、动植物等生物体内的各种天然活性肽直接提取出来的方法。制备过程通常是将生物材料浸泡在适当的溶剂中，通过充分溶解、反复离心、调节pH等步骤去除原材料中的蛋白质、盐等杂质后，对活性肽粗提液进一步分离纯化，获得目标活性肽。常用的提取溶剂有水、乙酸、乙酸铵、高氯酸等。采用生物提取法制备免疫活性肽操作简便，绿色环保，但生物体内天然免疫活性肽的含量低，这导致该方法产量低，提取分离纯化成本高，不利于工业化生产。但未来随着基因工程技术的发展，通过转基因技术对生物体进行改造，可使特定肽在体内高效表达，然后进行活性肽提取，可以降低生产成本，提高活性肽的产量，从而在工业上进行大规模的生产。

（三）人工合成法

人工合成法是实验室常用的一种制备特定氨基酸序列肽段的方法。人工合成法分为液相合成法和固相合成法等。液相合成法是早期常用的方法，这种方法是在均相溶液中合成多肽。但该法每次合成肽以后都需要对产物分离纯化或结晶以便除去未反应的原料和副产物。这个步骤很耗时，对技术要求也较高。多肽的合成是一个重复添加氨基酸的过程，固相合成顺序一般从C端向N端合成。固相合成法的优点是具备在单个容器中进行所有反应的可行性，在偶联步骤之后，可以通过冲洗轻易地去除未反应的试剂和副产物，这就省略了中间体的纯化步骤，极大地降低了每步产品提纯的难度。同时，为了防止不良反应的发生，参加反应的氨基酸侧链都是被保护的，而羧基端是游离的，并且在反应之前必须将其活化。固相合成法是小规模合成由10~100个残基组成肽的最有效的方法。

（四）基因工程合成法

随着生物技术的发展和广泛应用，通过基因工程手段将外源生物活性肽基因转入其他生物体内，以使其能够大量合成并分泌生物活性肽，成为生产生物活性肽的新方法，尤以抗冻多肽应用此法较多。鱼类抗冻蛋白或多肽的基因工程，昆虫抗冻蛋白的基因工程，植物抗冻蛋白的基因工程是抗冻多肽应用的典型例子。

（五）化学改性法

化学改性法是指通过化学手段向蛋白质中引入某些功能基团或使氨基酸残基侧链基团或多肽链发生聚合、断裂反应，从而导致蛋白质的理化性质、功能性质发生变化的方法。最常用的化学改性方法有碱处理、酸处理、酰化作用、去酰胺基、磷酸化作用、糖基化、硫醇化等。将质量比例为1:4的蛋白质与葡聚糖的混合样品溶解于不同pH的磷酸盐缓冲液中，在70~80℃下部分糖基化，发现糖基化后的蛋白质热稳定性提高8倍。抗冻糖蛋白（AFGP）中的糖基不仅含量高，而且是抗冻活性形成的主要基团。但目前制备、纯化AFGP存在困难，主要利用化学合成或者化学改性的方法制备纯AFGP，探究AFGP的结构与抗冻活性间的关系。因此，近年来国际上研究开始致力于开发基于糖基化修饰的抗冻蛋白类似物。

目前，国内外一般采用蛋白酶解法，也就是酶解法和微生物发酵法制备苦荞多肽，在已知苦荞多肽序列的前提下可进行化学合成。苦荞多肽大多是通过酶解法制备得到的，虽然具有某些功能特性，但是在苦荞多肽产品应用上，突出表现是苦荞多肽口感不好，有严重的苦味，难以让人接受，所以苦荞多肽产品未被大众接纳。苦荞蛋白通过微生物发酵工艺被制成具有生物活性的多肽，不仅改善了苦荞多肽的口感，增加了苦荞多肽的产量，极大地提高了苦荞的附加值，而且可以满足人们日益增长的对功能性食品的需要，提高人们的健康水平。不同的条件微生物发酵过程中产生的肽酶谱系不同，通过控制条件，微生物在代谢和发酵过程中可生产不同的酶，从而得到不同的氨基酸和多肽。在酶解过程中，代谢产生的氨基酸还可以被微生物吸收利用，既促进了微生物自身的生长又直接参与了生化代谢，对发酵过程具有促进作用。微生物在代谢过程中产生众多的酶，有些酶能对肽链上的基团进行重新移接和排列或对有些基团进行重新组合修整，以改善多肽的功能特性和加工特性；与普通的酶解法相比，工艺更简单、成本更低、多肽的产率更高、苦味与臭味更低、风味及色泽等感官特性更好。在医药食品、发酵饲料、保健化妆品等行业中都具有广泛的应用和非常开阔的开发前景。

二、发酵法生产苦荞多肽

发酵工程广泛涉及医药、食品、能源、化工、农业和饲料等诸多行业。在食品行业上的应用主要集中在白酒、啤酒、黄酒、果酒、食醋、酱油等领域，之后随着工业的发展，人们开始生产各种食品添加剂，如色素、香料、谷氨酸、黄原胶、柠檬酸等。

　　按照发酵的特点，可以对发酵方式按不同的分类方法进行分类。根据微生物与氧的关系不同分为需氧发酵和厌氧发酵；根据培养基状态不同分为固体发酵和液体发酵；根据发酵设备可分为敞口发酵、密闭发酵、浅盘发酵、深层发酵；根据微生物发酵操作方式的不同分为分批发酵、补料分批发酵和连续发酵；根据微生物发酵产物的不同分为微生物菌体发酵、微生物酶发酵、微生物代谢产物发酵、微生物的转化发酵和基因工程细胞发酵。根据操作方式和工艺流程可分为分批式发酵、流加式发酵、半连续式发酵、灌流式发酵及连续式发酵。实际上，在微生物工业生产中，都是各种发酵方式结合进行的。选择哪些方式结合起来进行发酵，取决于菌种特性、原料特点、产物特色、设备状况、技术可行性、成本核算等。现代发酵工业大多数是以好氧、液体、深层、分批、游离、单一纯种发酵方式结合进行的。

　　固态发酵是指一类使用不溶性固体基质来培养微生物的工艺过程，既包括将固态悬浮在液体中的深层发酵，也包括在没有（或几乎没有）游离水的湿固体材料上培养微生物的工艺过程。多数情况下，固态发酵是指在没有或几乎没有自由水存在的情况下，在有一定湿度的水不溶性固态基质中，用一种或多种微生物发酵的一个生物反应过程。狭义上讲，固态发酵是指利用自然底物做碳源及能源，或利用惰性底物做固体支持物，其体系无水或接近于无水的任何发酵过程。与其他培养方式相比，固态发酵具有如下优点：培养基简单且来源广泛，多为便宜的天然基质或工业生产的下脚料；投资少，能耗低，技术较简单；产物的产率较高；基质含水量低，可大大减少生物反应器的体积，不需要废水处理，环境污染较少，后处理加工方便；发酵过程一般不需要严格的无菌操作。

　　液体发酵法的工业特点是以液体为培养基，进行微生物的生产繁殖和产酶。根据通风方法不同又可分为液体表层发酵法和液体深层发酵法。液体表层发酵法即液态静置发酵法，它是将灭菌的培养基直接接入微生物后，装入可密闭的发酵箱内的盘架上的浅盘中，1~2cm厚，然后通入无菌空气，维持一定温度，进行发酵，不断搅拌。此法目前实际上已被淘汰。液体深层发酵法是采用具有搅拌桨叶和通气系统的密闭发酵罐，从培养基的灭菌冷却到发酵都在同一发酵罐内进行。它是现代普遍采用的方法。我国的抗生素、有机酸、氨基酸、核苷酸、维生素、酶制剂等的发酵生产都采用此法。影响深层发酵产酶的主要因素除菌种、培养基、温度外，通风量、搅拌速率仍是决定酶产量的因素。由于深层培养微生物利用培养液中溶解氧进行呼吸，通风量大，搅拌速度快提高了溶解氧水平。氧溶解速度可用单位体积发酵液在一定时间内氧的溶解量表示，称为溶氧速率。溶氧速率亦受到通风量、搅拌速度、罐压、黏度、温度、搅拌器直径与发酵罐直径之比（d/D）以及发酵罐直径与高度之比（D/H）、搅拌器形状、发酵罐形状等诸多因素的影响。在发酵过程中，随着菌体的大量繁殖，耗氧速率增加。发酵液黏度增加可引起溶氧速率下降，同时由于液体表面张力下降可形成大量泡沫，为此添加消泡剂也可引起溶解氧下降，导致供氧不足。

（一）苦荞多肽生产工艺流程

发酵菌种的筛选 → 菌种的扩大培养 → 发酵培养基的优化 → 灭菌 → 发酵条件控制 → 多肽提取 → 分离纯化 → 干燥 → 包装

（二）操作要点

1. 发酵菌种的筛选

菌种的选择直接影响多肽的产量和功能活性，菌种选择一般是细菌或者霉菌。根据特定的需求，选择不同的发酵菌种，研究报道的有用米曲霉、黑曲霉、枯草芽孢杆菌、乳酸菌、植物乳杆菌等菌活较高、繁殖能力较强以及具有特殊功能活性的菌种，去发酵制备高产量的生物活性肽。

2. 菌种的扩大培养

菌种的扩大培养是发酵生产的第一道工序，该工序又被称为种子制备。种子制备不仅要使菌体数量增加，更重要的是，经过种子制备可培养出具有高质量的生产种子以供发酵生产使用。菌种扩大培养的目的就是要为工业化生产时每次发酵罐的投料提供相当数量的代谢旺盛的种子。发酵时间的长短和接种量的大小有关，接种量大，发酵时间则短。将较多数量的成熟菌体接入发酵罐中，就有利于缩短发酵时间，提高发酵罐的利用率，并且也有利于减少染菌的机会。因此，种子扩大培养的任务是不但要得到纯而壮的培养物，还要获得活力旺盛的、接种数量足够的培养物。对于不同产品的发酵过程来说，必须根据菌种生长繁殖速率快慢决定种子扩大培养的级数。

黑曲霉：取斜面真菌菌株接种于种子培养基中，在35℃条件下，放在220r/min往复式摇床上培养，30h后出现大小均一的小菌丝球时结束培养。

枯草芽孢杆菌：转接到液体种子培养基中，于35℃，220r/min振荡培养24h，待发酵液变浑浊，有明显的臭味时，菌种活化结束。

米曲霉：取斜面真菌菌株涂布于种子培养基上，在28℃，80%湿度条件下培养5d后用无菌生理盐水清洗孢子，经双层纱布过滤，得到重悬浓度为2×10^7个/mL的种子悬液。

植物乳杆菌：从母液中取出接种到MAS液体培养基上，于30℃恒温培养箱中培养24h作为一代培养菌株液，按5%的接种量分别取Ⅰ代活化菌株液接于MAS液体培养基中，于30℃恒温培养箱培养24h作为Ⅱ代培养菌株液，使活菌数在2×10^7个/mL左右。

3. 发酵培养基的优化

发酵培养基是供给菌体生长繁殖所需的营养和能源，发酵培养基一般包括氮源、碳源、无机盐、生长因子、水等。工业化发酵生产时，一般使用某种底料，作为发酵培养基中的主要成分。这些原料的选择既要考虑到菌体生长繁殖的营养要求，更要考虑到有利于大量积累多肽，还要注意到原料来源丰富，发酵周期短，对产物提取无影响等。

（1）碳源　碳源是供给菌体生命活动所需能量和构成菌体细胞以及生成多肽的基础。通常用作碳源的物质主要是糖类、脂肪、某些有机酸、某些醇类和烃类。由于各种微生物所具有的酶系不同，所能利用的碳源往往是不同的。在多肽生产过程中，选择葡萄糖等糖类物质作为培养基中的碳源。

（2）氮源　氮源是微生物合成菌体蛋白质、核酸等含氮物质和合成物质的来源。同时，在发酵过程中，一部分氮用于调节pH。氮源有无机氮和有机氮，无机氮包括尿素、液氨、氨水、碳酸氢铵、硫酸铵、氯化铵和硝酸铵等，菌体利用无机氮源比较迅速，利用有机氮较缓慢，铵盐、尿素、液氨等比硝基氮易被利用，因为硝基氮需先经过还原才能被利用。一般要根据菌种和发酵特点合理地选择氮源。所以，在苦荞多肽生产的过程中，选择生物利用度较低的苦荞蛋白作为发酵底料，作为培养基的氮源。

（3）无机盐　无机盐是微生物生命活动所不可缺少的物质，其主要功能是构成菌体成分，作为酶的组成部分、酶的激活剂或抑制剂，以调节培养基的渗透压，调节pH和氧化还原电位等。一般微生物所需要的无机盐为硫酸盐、磷酸盐、氯化物和含钾、钠、镁、铁的化合物。还需要一些微量元素，如铜、锰、锌、钴、钼、碘、溴等。微生物对无机盐的需要量很少，但无机盐含量对菌体生长和代谢产物的生成影响很大。

4. 灭菌

常采用的灭菌方式有高温湿热灭菌、高温干热灭菌、介质过滤除菌、化学物质消毒灭菌、臭氧灭菌、辐射灭菌、静电除菌等。工业上，对大量培养基以及发酵设备的灭菌方法常使用蒸汽灭菌法，即湿热灭菌。培养基的灭菌包括分批灭菌和连续灭菌两种。培养基灭菌条件121℃，约0.1MPa（表压），时间15~20min。

5. 发酵条件控制

（1）温度 发酵过程中温度控制在30~31℃，黑曲霉的生长适温在28℃左右，米曲霉产酶最适宜温度为28~30℃，枯草芽孢杆菌最适生长温度37℃，植物乳杆菌最适温度30~37℃。

（2）压力 目前工业生产上通常将罐压控制在0.02 ~ 0.05MPa。

（3）搅拌功率 是指搅拌器搅拌时所消耗的功率，常指每立方米发酵液所消耗的功率，通常为2~4kW/m³，它的大小与液相体积氧传递系数（k_a）有关。若采用固态发酵法，可以不用搅拌操作，因此不需要搅拌功率。

（4）搅拌转速 搅拌转速的高低影响氧的传递速率及发酵液的均匀性，此外还影响发酵液中泡沫的程度。使用液态发酵法和固态发酵都需要严格控制搅拌速率，以使发酵液或者发酵基质均匀。

（5）空气流量 是需氧发酵中重要的控制参数之一。空气流量的大小影响液相体积氧传递系数（k_a），也影响微生物产生的代谢废气的排出，此外还与发酵液中泡沫的生成情况有关。参考菌种的类型，如黑曲霉是需氧型真菌，米曲霉也是需氧型真菌，枯草芽孢杆菌也是需氧型细菌，植物乳杆菌厌氧或兼性厌氧型。

（6）pH 发酵液的pH是发酵过程中各种产酸和产碱的生化反应的综合结果，是发酵工艺控制的重要参数之一。pH的高低与菌体生长和产物合成有着重要的关系，不仅可以反映菌体的代谢状况，还可以判断发酵过程的正常与否。黑曲霉最适生长pH范围为3~7，米曲霉最适生长pH范围为6.5~6.8，枯草芽孢杆菌生长pH最适范围为6.8~7.8、植物乳杆菌最适生长pH 6.5左右。

（7）基质浓度 基质浓度指发酵液中糖、氮、磷等重要营养物质的浓度。它们的变化对产生菌的生长和代谢产物的合成有着重要的影响，控制其浓度也是提高代谢产物产量的重要手段。因此，在发酵过程中，选用米曲霉发酵时，米曲霉接种量为20%~30%（2×10^7个/mL），水的添加量为50%，无机盐磷酸氢二钾添加量为0.34%，发酵时间为2.17d。选用黑曲霉发酵时，苦荞蛋白粉与红薯淀粉按3:1的比例，接种量为9.0%~13.0%，苦荞蛋白粉浓度2.0%~3.0%。选用枯草芽孢杆菌发酵时，苦荞蛋白粉与红薯淀粉按3:1的比例，接种量为9.0%~13.0%，苦荞蛋白粉浓度4%~6%。选用植物乳杆菌发酵时，接种量10%~15%，水的添加量50%，苦荞蛋白粉浓度30%~40%。

（8）溶氧浓度 溶氧是需氧菌发酵所必需的物质，测定溶氧浓度的变化，可了解生产菌对氧利用的规律，发现发酵的异常情况，也可作为发酵中间控制的参数及设备供氧能力的指标。

（9）废气中氧含量 废气中氧的含量与产生菌的摄氧率和呼吸商有关。测定废气中氧的含量可以计算出产生菌的摄氧率，确定发酵罐的供氧能力。废气中的CO_2是产生菌在呼吸过程中释放出来的，测定废气中CO_2和氧的含量可以计算出产生菌的呼吸商，从而了解产生菌的代谢规律。

6. 多肽提取

发酵液的预处理，发酵液中除了含有多肽之外，绝大部分都是菌体和未使用完的培养基以及各种代谢产物如蛋白质、各种酶、次生代谢产物等。多肽属于小分子物质，向固态培养基质中，加入8~10倍的去离子水，待搅拌均匀后超声提取，使固态基质中产生的多肽能充分溶入水中；若使用液态发酵制备多肽，可直接进行下一步操作。超声条件：在18℃、300W功率下超声30min，4℃、8000r/min离心15min收集上清液即可。

7. 分离纯化

蛋白活性肽是通过降解蛋白质获得的，也是一种两性物质，因此，蛋白质分离纯化方法基本也适用于蛋白活性肽。目前，分离纯化生物活性多肽最普遍采用的方法有超滤、离子交换层析、凝胶过滤层析、反相高效液相色谱（RP-HPLC）和毛细管电泳（CE）等。

（1）超滤　是以压力为推动力，利用不同孔径超滤膜对液体进行分离的物理筛分过程。其分离相对分子质量为1000~500000，孔径为10~100mm。它能够使大分子溶质和微粒（淀粉、未酶解的蛋白质等）截留在膜表面，而小分子肽类物质和溶剂则在压力的驱动下穿过致密层上的微孔进入膜的另一侧，因而超滤膜可以长期连续使用并保持较恒定的分离效果和产量。与传统工艺相比，超滤不但可以提高产品的纯度、节约溶剂或试剂的使用量，还能够实现连续化、缩短生产周期。

（2）离子交换层析　是利用离子交换剂上的可交换离子与周围介质中被分离的各种离子间的亲和力不同的原理，经过交换平衡达到分离目的的一种柱层析色谱法。该法具有灵敏度高、重复性和选择性好、分析速度快等特点，可以同时分析多种离子化合物，是当前最常用的层析法之一。它能去除多肽制备过程中引入的盐类，为多肽的进一步分离纯化提供保障。

（3）凝胶过滤层析　也称为分子排阻层析、分子筛层析或凝胶渗透层析，其根据分子大小，将混合物通过多孔的凝胶床而达到分离目的。Sephadex G-50凝胶过滤色谱有特定的分子质量分级范围，可将溶质中的分子分成三类：第一类为分子质量大于分级范围上限的分子，它被完全阻隔在凝胶颗粒网孔之外，从颗粒的间隙中垂直向下运动，所受阻力最小，流程最短，所以最先从柱中洗脱下来。第二类为分子质量在分级范围之间的分子，它们依据分子质量的大小，不同程度地进入凝胶颗粒内部，此分子质量范围内的分子能被有效分离。第三类为分子质量小于分级范围下限的分子，它们均全部进入网孔中，经过流程最长，所受阻力最大，最后才被洗脱。根据此原理可分离分子质量不同的样品。它的回收率很高，活性不受破坏。使用的凝胶种类主要有交联葡聚糖凝胶、琼脂糖凝胶、聚丙烯酰胺凝胶等。经过几十年实际应用与发展，此法得到不断完善，目前是一种可靠的分离纯化及测定生物高分子分子质量的方法。其使用过程简便、操作设备简单、结果处理方便、因此，应用非常广泛。

（4）反相高效液相色谱　20世纪70年代中期以来，科学家逐步建立起包括RP-HPLC的一整套色谱方法，并运用这些方法在肽的分离纯化、制备、定性定量分析、分子质量测定、肽结构与其色谱保留值关系等方面进行了深入的研究。20世纪80年代以来，HPLC在肽研究领域被广泛应用，取得了突破性进展。分离纯化肽的最常用方法是RP-HPLC，它具有许多优点：首先，此方法以水为基本组成部分，这符合膜的生物学性质；其次，RP-HPLC的分辨率比其他分离方法更强，适用范围更广泛。

（5）毛细管电泳 是近年来发展起来的一种新技术，除了具备凝胶电泳的高分辨率外，还以其快速、定量、重复性好、灵敏度高以及自动化程度高等诸多优点成为蛋白质、多肽乃至其他生物分子分离分析的一项崭新且重要的技术。目前已应用于多肽、蛋白质以及核酸的分离分析、遗传工程产物的鉴定、制药工业、食品工业、农业、水处理、去垢剂和多聚物化学等领域。高效毛细管电泳HPCE将电泳方法与色谱技术相结合，具有高效、快速、分析所需样品量少、易自动化等优越性，尤其适用于生物大分子的分析。目前应用高效毛细管电泳分离分析蛋白质、多肽及核酸等生物大分子的研究十分活跃。

（6）固定化金属亲和色谱（IMAC） 是将过渡金属离子通过配体螯合在固相基质上，通过金属离子与蛋白水解产物中的特异性氨基酸结合形成相对稳定的复合物，最后以竞争性洗脱方式实现目标金属离子螯合肽的富集与纯化，IMAC具有亲和选择性高、生物兼容性好、可逆再生等优势，被广泛应用于蛋白质和多肽的特异性富集、分离与纯化。因此，IMAC通常被认为是金属离子螯合肽纯化的第一阶段。羟基磷灰石色谱法也是一种流行的纯化方法，采用羟基磷灰石填充色谱柱，具有较高的分离效率，羟基磷灰石能与钙离子相互作用并与特定肽强烈结合，适用于钙离子螯合肽的分离。

8. 干燥

干燥是指利用热能使湿物料汽化并排除蒸汽，从而得到较干物料的过程。其往往作为发酵产品提取与精制过程的最后一道单元操作，目的在于除去产品所含的水分，使发酵产品能够长期保存不变质，同时减少发酵产品的体积和质量，便于包装、贮藏、运输以及使用等。目前，发酵工业中常用的干燥方法主要有对流加热干燥法、冷冻升华干燥法和接触加热干燥法三种。

（1）对流加热干燥法 又称为加热干燥法，即将空气通过加热器后使其变为热空气，将热量传递给干燥器再传给物料，利用对流传热方式向湿物料供热，使物料中的水分被汽化，形成的水汽被空气带走。在对流加热干燥法中，空气既是载热体，又是载湿体。在发酵工业中这种方法又可分为气流干燥、沸腾干燥和喷雾干燥等三种。气流干燥是一种连续式高效流态化干燥方法，即将颗粒状的湿物料送入高温快速的热气流中，与热气流并流，均匀分散成悬浮状态，增大物料与热空气接触的总表面，强化了热交换作用，仅在几秒钟（1~5s）内即能使物料达到干燥的要求。在气流干燥流程中，湿物料经料斗和螺旋加料器进入干燥管，空气由鼓风机鼓入，经加热器加热后与物料会合，在干燥管内达到干燥目的。干燥后的物料在旋风除尘器和带式除尘器中得到回收，废气经抽风机由排气管排出。沸腾干燥是利用热空气使孔板上的颗粒状物料呈流化沸腾状态，使物料中的水分迅速汽化而达到干燥目的的过程。在沸腾干燥流程中，物料由给料器进入干燥器的床面，热空气以一定的速度从干燥器底部经过布风板与物料接触，当热空气对物料的浮力与物料重力达到平衡时，就形成了悬浮床（又称为流态化床或沸腾床）。采用沸腾床强化了气—固两相间的传质与传热过程，使物料呈浮态，空气呈上升态，则两相呈湍流相混合。沸腾干燥器形式多样，以卧式沸腾干燥器应用较多，主要用来干燥颗粒直径为0.03~6mm的粉状和颗粒状物料。但是，为防止设备出现结壁、堵床现象，一般不适用于湿含量大、黏度大、易结壁、易结块物料的干燥。喷雾干燥是利用不同的喷雾器，将悬浮液、乳浊液或浆料喷成雾状，使其在干燥室中与热空气接触的过程，由于接触面积大，微粒中水分迅速蒸发，在几秒或几十秒内获得干燥。在喷雾干燥流程中，将料液泵送至塔顶，经过雾化器喷成雾状的液滴，与塔顶引入的热风接触后，水分迅速蒸发，在极短的时间内便可将料液变成干燥产品。干燥产品从干燥塔底部排出，热风与液滴接触后使温度显著降低，湿度增大，作为废气由排风机抽出。废气中夹带的微粉用分离装置回收。由于干燥速度迅速，采用高温（80~800℃）热风，其排风温度仍不会很高，使产品不致出现过热现象，适用于热敏性物料，干燥产品质量较好。从废气中回收微粒时，对分离装置要求较高。在生产粒径小的产品时，废气中约夹带有20%的微粒，需选用高效的分离装置。

（2）冷冻升华干燥法　是先将湿物料冷冻至较低温度，使水分结冰，然后在较高的真空条件下，使冰直接升华为水蒸气而除去的过程。整个过程分为三个阶段：其一是冷冻阶段，即将样品低温冷冻；其二是升华阶段，即在低温真空条件下直接升华；其三是剩余水分的蒸发阶段。冷冻升华干燥法适宜具有生理活性的生物大分子和制剂、维生素及抗生素等热敏性发酵产品的干燥。冷冻升华干燥也可不先将物料预冻结，而是利用高度真空时汽化吸热而将物料自行冻结，这种方法称为蒸发冻结。其优点是可以节约一定能量，但操作时产生泡沫或飞溅现象而导致物料损失，同时不易获得均匀的多孔干燥物。

（3）接触加热干燥法　又称为加热面传热干燥法，即用加热面与物料直接接触，将热量传给物料，使其中水分汽化的方法。在发酵工业中，接触加热干燥法使用得比较普遍，其干燥设备有干燥箱、滚筒式干燥器、转筒式干燥器等。

9. 包装

多肽可以应用于功能食品、保健食品、普通食品、化妆品和药物，使用对象是人，因此要特别注意产品的质量。纯品得到后应通过全面严格检验才能出厂，检验的项目和标准一律按照食品和药品的规定。食品和药品一般要求无菌，特别是注射剂更应严格满足无菌要求。因此，成品分包装必须在无菌或半无菌的场所进行。药品分包装车间的整个生产流程必须纳入GMP管理标准，以确保药品质量。另外，多肽产品容易吸潮，因此，对包装车间的温度和成品包装条件要求也高。

第三节　荞麦肽的功能活性

从荞麦种子中分离的许多天然存在的肽已被证明是具有多种功能活性的化合物，例如荞麦抗微生物肽、苦荞抗真菌肽、苦荞降血压肽、苦荞胰蛋白酶抑制肽以及苦荞抗癌肽等。

一、降低胆固醇活性

1995年，有研究发现荞麦蛋白质提取物能降低大鼠血浆胆固醇水平。2000—2001年，研究发现用荞麦粉制备的苦荞蛋白产品（TBP）可降低大鼠血清胆固醇，与酪蛋白和大豆蛋白等动物蛋白相比，荞麦蛋白提取物可以更有效地降低血液胆固醇、低密度脂蛋白（LDL）和极低密度脂蛋白（VLDL）的水平，2007年的研究也得出相同的结果。2010年，人们发现苦荞蛋白提取物具有较强的胆酸盐吸附作用，将其排出体外从而促进胆固醇代谢，降低血液胆固醇水平。

二、降血压活性

2002年，研究发现从苦荞蛋白水解物中可分离出11种ACE抑制肽（FY、AY、LF、YV、VK、YQ、YQY、PSY、LGI、ITF和INSQ），其结构为FY、AY、LF和YV。另外，研究发现苦荞蛋白消化物中有4种已被证实的具有ACE抑制活性的二肽，还有两种三肽Tyr-Gln-Tyr和Pro-Ser-Tyr，均具有明显的ACE抑制效果。2006年，从普通荞麦中鉴定的三肽（GPP）显示出与从蛇毒中分离的ACE抑制肽有相似的结构。2009年，研究发现从荞麦中得到的多肽通过抑制血管紧张素I转化酶（ACE）的活性而显示出降低血压活性，并且这些小肽主要由2~5个氨基酸残基组成。2013年，报道了从发酵的荞麦芽中纯化的6种降血压肽（DVWY、FDART、FQ、VAE、VVG和WTFR），这些天然存在的肽显著降低了自发性高血压大鼠（SHR）的血压。之后，研究人员使用碱性蛋白酶降解苦荞蛋白得到由7~12个氨基酸多肽组成的酶解产物，其也具有ACE抑制活性，抑制率达到75.85%。研究认为羧基脯氨酸、酪氨酸、色氨酸和苯丙氨酸通过结合其活性中心而显示出对血管紧张素I转化酶的强抑制活性。与上面提到的几种荞麦抗高血压肽显示出一定的结构相似性，酪氨酸的羧基末端氨基酸相同（如FY、AY、YQY、PSY和DVWY）。然而，在2006年，研究表明GPP的羧基末端氨基酸是脯氨酸，因此酪氨酸和脯氨酸对其ACE抑制性质共同起到重要作用。

三、降血糖作用

2007年，流行病学调查表明，荞麦种子降低了高血糖的发病率。2008—2011年，研究发现荞麦中主要的抗糖尿病功能化合物是D-手性肌醇、黄酮类化合物和荞麦蛋白质。2009年，荞麦蛋白提取物的摄入被证明能够通过增加抗氧化酶活性和清除ROS来治疗糖尿病。

四、抗菌作用

2010年，人们从苦荞种子中提取、热处理、阳离子交换层析和分子筛层析得到了一种分子质量为3.909ku的抗真菌肽，研究发现这种抗菌肽对白腐菌、链格孢霉和绿色木霉均有显著的生长抑制活性。2015年，研究表明使用硫酸铵盐析法可提取苦荞水溶性蛋白，再经纯化、酶解、纯化分离可得到4个酶解产物Pepl、Pep2、Pep3、Pep4，并发现苦荞蛋白酶解产物对金黄色葡萄球菌、大肠杆菌、阪崎肠杆菌、鼠伤寒沙门氏菌的生长均有抑制作用。2016年，人们用固态发酵法制备出苦荞抗菌肽，并发现经6.0mg/mL的苦荞抗菌肽处理过的罗非鱼片菌落总数与对照组相比显著下降，保质期延长到对照组的2倍。

荞麦广泛种植在中国西南部和西北部，荞麦植物必须面对许多不利的环境因素，如低温，干旱土壤和病原体感染。通过长期的进化，荞麦已经能够抵御由害虫和微生物引起的疾病伤害。植物防御素是天然存在的具有45~54个氨基酸的肽和4个由8个二硫键连接的半胱氨酸组成。到目前为止，许多类型的植物防御素来自小麦，大麦和其他植物物种，其在结构上与动物和人类中发现的防御素相关。2003年，从普通荞麦中分离出两种抗菌肽，分别命名为Fa-AMP1和Fa-AMP2。Fa-AMP1和Fa-AMP2都含有40个氨基酸（FaAMP1:AQCGAQGGGATCPGGLCCSQWGWCGSTPKYCGAGCQSNCK，FaAMP2:AQCGAQGGGATCPGGLCCSQWGWCGSTPKYCGAGCQSNCR），在分子中具有4个二硫键。后来，2007年，从降落小麦种子中分离出一种抗真菌肽，其N-末端序列的氨基酸组成相似于Fa-AMP1和Fa-AMP2；分离出的这种抗真菌肽抑制了真菌尖孢镰刀菌和花生球腔菌的生长。然而，抗菌活性测定表明，Fa-AMP1和Fa-AMP2抑制了*Fusarium oxysporum*和*Geotrichium candidum*以及许多革兰氏阳性和革兰氏阴性菌的生长。2011年，发现荞麦抗菌肽是荞麦种子，麸皮和壳中存在的天然防御性化合物，对各种病原体具有广泛的抗菌活性。

2012年，通过结构相似性分析，含有41个氨基酸残基的荞麦胰蛋白酶抑制剂BWI-2c被鉴定为新植物防御肽家族（ahairpinins）的成员。抗微生物活性测定证明荞麦胰蛋白酶抑制剂能够抵抗微生物感染。2011年，有报道说从苦荞种子中纯化的含有86个氨基酸残基的14ku抗真菌肽（FtTI），其含有两个二硫键。活性测试显示FtTI完全抑制植物致病真菌：黄瓜蔓枯病菌（*Mycosphaerella melonis*），苦瓜（链格孢）叶枯病菌（*Alternaria cucumerina*）和番茄早疫病菌（*Alternaria solani*）的生长。1997年，一个名为BWI-1的蛋白酶抑制剂I家族成员被证明可以抑制真菌链格孢菌和尖孢镰刀菌菌丝体的生长。2009年，当BWI-1的编码基因转入烟草和马铃薯植株时，被证实可抑制丁香假单胞菌番茄变种和密执安棒状杆菌。

五、抗氧化作用

2007年，人们发现使用木瓜蛋白酶酶解苦荞蛋白，得到的酶解产物可以抑制亚油酸过氧化。2009年，以苦荞蛋白质作为底物，采用碱性蛋白酶对其进行酶法水解，并对酶解产物的体外抗氧化活性进行研究；体外抗氧化实验表明苦荞蛋白酶解产物作为天然抗氧化剂，表现出较强的螯合铁离子能力、还原能力和清除DPPH自由基的能力。2017年，再一次验证了，以苦荞为原料，通过碱提酸沉法提取蛋白质复合物，然后用正己烷去除苦荞蛋白质复合物中的黄酮类化合物和脂质；用碱性蛋白酶酶解苦荞蛋白制备酶解液，研究不同水解度的酶解液的总抗氧化能力，超氧自由基、羟自由基、DPPH自由基的清除能力，结果表明不同水解度的苦荞蛋白酶解液都具有抗氧化能力。但自由基清除活力都不同，其中超氧阴离子自由基的清除活性最大。还有研究食用苦荞蛋白复合物对小鼠的影响，结果表明喂养苦荞蛋白复合物后，小鼠血液、肝脏和心脏中的超氧化物歧化酶、过氧化氢酶、谷胱甘肽过氧化物酶等抗氧化酶的活性均有不同程度的提高，而脂质过氧化产物丙二醛含量下降，由此，人们认为苦荞蛋白具有抗氧化和防衰老作用。

2020年，研究表明苦荞多肽不同分离纯化部位表现出了不同的抗氧化活性，可能由于苦荞蛋白自身具有抗氧化活性，当苦荞蛋白与多肽混合物聚集在一起时，表现出比苦荞多肽纯品更强的抗氧化作用，苦荞多肽组分纯度升高，抗氧化活性反而下降。鉴定到的多肽长度大多由10~15个氨基酸组成，属于生物活性肽的长度范围内。经过SephadexG-15葡聚糖凝胶分离纯化，多肽组分中的ABTS和DPPH自由基清除能力最优，清除率分别为82%、80%；得到抗氧化肽的特征序列为苯丙氨酸-脯氨酸-酪氨酸 [Phe-Pro-Tyr（FPY）]和酪氨酸-亮氨酸-脯氨酸-苯丙氨酸 [Tyr-Leu-Pro-Phe（YLPF）]。由此可以得出以苯丙氨酸和酪氨酸结尾的小段氨基酸序列抗氧化活性较显著。已有研究结果表明，Pro、Tyr、Trp能抑制ACE酶活性。由此，结合以上结果分析可得出苦荞多肽抗氧化与降血压之间有密切关系的结论。

六、荞麦胰蛋白抑制剂作用

荞麦蛋白氨基酸组成均衡，具有很高的营养价值，但因其具有蛋白酶抑制剂、单宁等抗营养因子的存在，可导致低消化率，限制在胃和肠中的吸收。已经从荞麦种子中分离和鉴定了几种类型的蛋白酶抑制剂，并且主要根据氨基酸序列和酶活性特征进行分类。这些抑制剂在酸性和中性pH下是热稳定的。荞麦胰蛋白酶抑制剂分为两种类型：永久抑制剂和临时胰蛋白酶抑制剂。永久性抑制剂用亮氨酸作为N-末端氨基酸，由51~67个氨基酸残基组成。临时胰蛋白酶抑制剂以丝氨酸作为N-末端序列周期的开始，肽长度为85~99个氨基酸残基。后来的研究证明，大多数永久性荞麦蛋白酶抑制剂均以亮氨酸开始，然而，荞麦蛋白酶抑制剂以丝氨酸开始，属于临时胰蛋白酶抑制剂。1985年，生理特性测定表明，荞麦蛋白酶抑制剂抑制胰蛋白酶和胰凝乳蛋白酶的酶活性，而对胰凝乳蛋白酶的作用则不太有效。根据荞麦蛋白酶抑制剂在离子交换色谱上的不同行为，将其分为阴离子和阳离子抑制剂，BWI-1，BTI-1和BWI-4a属于阴离子抑制剂。2004年，研究表明阳离子抑制剂也抑制细菌和植物来源的细菌枯草杆菌蛋白酶和枯草杆菌蛋白酶样蛋白酶活性。2007年，除了酶抑制活性和抗微生物活性外，荞麦蛋白酶抑制剂还被证明能够抑制HIV-1的逆转录酶和各种癌细胞的增殖。

七、抗肿瘤作用

荞麦蛋白酶抑制剂的抗肿瘤活性与其胰蛋白酶抑制活性有关，其原因在于抑制蛋白酶向周围组织和器官的迁移。2004年，研究报道BWI-1和BWI-2a对人T-ALL的细胞系（JURKAT和CCRF-CEM）具有抑制活性的作用，并证实了肿瘤细胞凋亡的触发机制与细胞DNA断裂有关。2007年，使用MTT测定和细胞计数分析，还发现荞麦胰蛋白酶抑制剂（rBTI）能够抑制IM-9细胞和HL-60细胞的增殖。2009年，通过克隆重组荞麦胰蛋白酶抑制剂（rBTI），研究EC9706，HepG2和HeLa的抗肿瘤活性，通过上调Bax和Bak，下调Bcl-2和Bcl-xl的染色体凋亡途径，诱导细胞凋亡。2013年，发现rBTI能够通过内吞作用和膜电位变化进入HepG2细胞。2007年，鉴定了57ku水溶性荞麦蛋白（命名为TBWSP31），其被证明能够抑制人乳腺癌细胞系（Bcap37）的生长。2010

年，进一步研究表明，TBWSP31通过上调Fas和下调bcl-2能诱导Bcap37细胞凋亡。

第四节　荞麦活性肽产品

荞麦活性肽因其具有多种功能活性，故被广泛运用到普通食品、营养疗效食品、功能和保健食品、医疗药物以及护肤化妆品等方面。当前多肽类药物正处于深入研究、广泛开发阶段，有些肽类物质已应用于临床，如肽类抗生素、肽类疫苗及不同作用的肽类药物。有的则被开发成保健品，如白蛋白多肽，对提高免疫力、疾病和术后的康复等均有显著作用。因此，荞麦多肽具有广阔的应用前景及市场前景。

一、荞麦活性肽保健品

1. 苦荞活性肽保健口服液

原料配方：以白桦茸多肽、鹿茸多肽、苦瓜多肽、苦荞多肽、黄精多肽、肉桂多肽、大豆低聚肽、麦冬、当归、富硒酵母、低聚木糖等11种多肽提取物及植物草本为配料，经原料称量、配料、混合、拌料、制丸、筛选、干燥、灭菌制得丸剂，经称量包装、PE瓶口铝箔封口、旋盖、装盒、装箱封口等工艺制成。

产品特点：具有辅助调节血糖、血脂、血压、抗衰老等作用。

2. 苦荞活性肽保健冲调粉

原料配方（质量分数）：苦荞多肽30%～55%、猕猴桃粉10%～30%、玉米多肽10%～38%、葛根肽3%～15%、大豆多肽3%～15%、人参肽1%～10%、低聚果糖1%～8%、维生素C 1%～10%、魔芋粉1%～8%、银耳1%～8%、胡萝卜粉1%～10%、冬笋1%～8%、蒲公英1%～8%、马齿苋0.1%～3%、百合1%～8%、槐花0.1%～5%、鱼鳞粉0.1%～5%、洋葱提取物0.1%～5%、竹叶提取物0.1%～5%、蛹虫草提取物0.1%～3%、越橘提取物0.1%～3%。

产品特点：具有一定的降血糖功效、改善保健食品口感。

二、苦荞活性肽食品

1. 苦荞多肽茶饮料

原料配方及工艺操作：荞麦原料发芽后进行全胚芽细胞破壁，再用生物酶降解成为含有荞麦多肽、荞麦氨基酸的可溶性荞麦蛋白复合物后，经配料、均质、无菌灌装制成荞麦多肽营养饮料。荞麦多肽饮料具有诱人的荞麦芽清香味，其氨基酸、芦丁、矿物质含量高，营养成分活性强，更容易被人体所吸收，而且消除了荞麦中的过敏原因子。

2. 荞麦多肽泡腾片

原料配方及工艺操作：荞麦米经清洗、浸泡、细胞破壁微细化粉碎为 $30 \sim 50 \mu m$ 细度的浆体，再经蒸煮、冷却、酶解、分离浓缩、真空浓缩、喷雾干燥、真空充氮包装制成荞麦多肽复合蛋白粉，再与荞麦芽全粉、荞麦黄酮提取物、沙棘粉、番茄粉、碳酸氢钠及碳酸氢钾、酸味剂、甜味剂、麦芽糊精、硬酯酸镁、蔗糖粉和乙醇溶液均匀混合后，经两步法造粒、真空干燥后压片成型，单片或多片包装。

产品特点：与其他混合冲剂相比，此产品更多地保存了荞麦的功能成分，食用非常方便。

3. 荞麦多肽抗氧化饮料

原料配方：苦荞多肽粉、黑豆多肽粉、蜂蜜、白砂糖、柠檬酸、安赛蜜、大枣浸提液、黄原胶、海藻酸钠、甘油单脂、纯净水。

制备方法：蒸馏甘油单脂、黄原胶和海藻酸钠，用热水溶解后，倒入打浆机混匀后转到配料锅中，再加入其他原料，用纯净水定容；将上述调配好的料液加热至60~65℃，再进行均质处理。

产品特点：荞麦多肽抗氧化饮料口感好，营养丰富，适合人们长期饮用。

4. 荞麦多肽酸乳

原料配料：水85%~95%、苦荞蛋白粉3%~10%、植物油2%~8%、风味调节剂1%~2%、香菇干粉1%~10%、复合菌粉（嗜热链球菌、保加利亚乳杆菌和瑞士乳杆菌混合而成，菌总含量为$10^8 \sim 10^{10}$CFU/g）0.1%~1%。

产品特点：本产品中香菇干粉中富含天然的谷氨酸钠，发酵过程中在天然谷氨酸钠存在的情况下，瑞士乳杆菌分解苦荞蛋白中的多肽生成高含量GABA

的酸乳，所制得的酸乳不仅具有助睡眠与抗焦虑的功能，而且风味独特、口感良好，对人体没有任何危害。

5. 荞麦多肽醋

原料配料：苦荞籽粒、乳酸菌、醋酸菌。

产品特点：富有保健作用。

6. 荞麦多肽酒

原料配料：干燥的酸枣仁、当归、川芎、桂圆干、苦荞多肽精提液。

产品特点：具有改善睡眠质量，缓解头晕头痛症状、提高免疫力等作用。

参考文献

[1] Ikeda K, Sakaguchi T, Kusano T, et al. Endogenous factors affecting protein digestibility in buckwheat[J]. Cereal Chem, 1991, 68（4）: 424-427.

[2] Park SS, Abe K, Kimura M, et al. Primary structure and allergenic activity of trypsin inhibitors from the seeds of buckwheat（*Fagopyrum esculentum Moench*）[J]. FEBS Lett, 1997, 400（1）: 103-107.

[3] Yi W, Hong-Xia Q I, Bin-Bin G U. The Therapeutic Effects of Tartarian Buckwheat Protein Extracts on 2Type Diabetic Rats[J]. Zhejiang Journal of Preventive Medicine, 2009, 21（01）: 4-14.

[4] 白承之, 王转花, 李玉英. 一种苦荞抗真菌肽的纯化及抑菌活性分析[J]. 食品科学, 2010, 31（15）: 4-7.

[5] 白承之. 几种植物抗真菌蛋白（肽）的纯化和性质研究[D]. 太原：山西大学, 2010.

[6] 陈花, 张海悦, 王鹏. 苦荞蛋白酶解产物的抗氧化活性研究[J]. 食品研究与开发, 2017, 38（14）: 12-16.

[7] 陈花. 苦荞麦功能肽的提取及其降血压活性研究[D]. 长春：长春工业大学, 2015.

[8] 陈英娇. 苦荞蛋白酶解物的制备及抗菌活性的研究[D]. 上海：上海师范大学, 2015.

[9] 杜晶晶. 苦荞抗菌肽FtAMP的分子特征及抗菌活性的研究[D].太原：山西大学, 2018.

[10] 高丽, 李玉英, 张政, 等. 重组荞麦胰蛋白酶抑制剂对HL-60细胞的促凋亡作用[J]. 中国实验血液学杂志, 2007（01）: 59-62.

[11] 郭晓娜, 崔颖, 张晖, 等. 苦荞麦蛋白质酶解产物的抗氧化活性研究[J]. 粮食与饲料工业, 2009（07）: 18-20.

[12] 何晓兰, 许庆忠, 王筑婷, 等. 消化道酶连续水解制备苦荞球蛋白多肽及其抗氧化活性研究[J]. 食品科技, 2016, 41（08）: 70-75.

[13] 金肇熙, 陕方, 边俊生, 等. 苦荞加工利用新技术研究[J]. 食品科学, 2004（11）: 348-350.

[14] 李玉英, 张政, 白艳, 等. TB过敏蛋白对小鼠体内几种酶活性的影响[J]. 山西大学学报（自然科学版）, 2007（01）: 95-97.

[15] 李子健, 刘秀丽, 裴乐, 等. 生物活性肽的研究进展[J]. 畜牧与饲料科学学, 2019（12）: 20-24.

[16] 林汝法, 陕方, 宋金翠, 等. 酶法水解苦荞麸皮蛋白生产降血压肽[J]. 食品科学, 2004（11）: 207-209.

[17] 林汝法, 周运宁, 王瑞. 苦荞提取物对大小鼠血糖、血脂的调节[J]. 华北农学报, 2001（01）: 122-126.

[18] 谭萍, 方玉梅, 周斯弼. 活性肽荞茶饮料配方研究[J]. 食品研究与开发, 2018, 39（02）: 114-118.

[19] 陶婷. 苦荞多肽制备及抗氧化活性研究[D]. 北京：北京农学院, 2020.

[20] 汪少芸. 功能肽的加工技术与活性评价[M]. 北京：科学出版社, 2019.

[21] 王凤萍, 陈旋, 宋风霞, 等. 苦荞活性肽对罗非鱼片的保鲜效果[J]. 食品与发酵工业, 2016, 42（11）: 133-137.

[22] 王凤萍. 苦荞抗菌肽的制备、应用及抑菌机理的研究[D]. 昆明：昆明理工大学, 2018.

[23] 王兴, 黄忠明, 王莉, 等. 苦荞蛋白模拟消化产物抗氧化活性及组成研究[J]. 中国食品学报, 2009, 9（06）: 10-15.

[24] 王兴. 苦荞蛋白模拟消化产物的抗氧化特性研究[D]. 杨凌：西北农林科技大学, 2009.

[25] 王转花, 张政, 林汝法. 苦荞叶提取物对小鼠体内抗氧化酶系的调节[J]. 药物生物技术, 1999（04）: 208-211.

[26] 夏焕章. 发酵工艺学[M]. 北京：中国医药科技出版社, 2015.

[27] 赵芳. 益生菌筛选及苦荞多肽发酵乳的研制[D]. 太原：山西大学, 2016.

[28] 周小理, 陈英娇, 周一鸣, 等. 荞麦降血压肽的结构、功能及作用机理[J]. 上海农业学报, 2014, 30（06）: 120-122.

[29] 周小理, 黄琳, 周一鸣. 苦荞水溶性蛋白体外吸附胆酸盐能力的研究[J]. 食品科学, 2011, 32（23）: 77-81.

[30] 周小理, 李红敏, 周一鸣. 苦荞蛋白水解过程及其水解产物抗氧化活性的初探[J]. 食品工业科技, 2007（09）: 104-107.